随机过程简明教程

孙钏峰　主编

山东大学出版社
SHANDONG UNIVERSITY PRESS
·济南·

图书在版编目(CIP)数据

随机过程简明教程/孙钏峰主编.—济南：山东大学出版社，2023.11
ISBN 978-7-5607-7999-7

Ⅰ. ①随… Ⅱ. ①孙… Ⅲ. ①随机过程 Ⅳ. ①O211.6

中国国家版本馆 CIP 数据核字(2023)第 248554 号

责任编辑 宋亚卿
封面设计 王秋忆

随机过程简明教程
SUIJI GUOCHENG JIANMING JIAOCHENG

出版发行 山东大学出版社
社　　址 山东省济南市山大南路 20 号
邮政编码 250100
发行热线 (0531)88363008
经　　销 新华书店
印　　刷 山东和平商务有限公司
规　　格 720 毫米×1000 毫米 1/16
　　　　 9 印张 138 千字
版　　次 2023 年 11 月第 1 版
印　　次 2023 年 11 月第 1 次印刷
定　　价 28.00 元

本书常用的符号

$\mathbf{R}$ 表示实数；

$\mathbf{N}$ 表示自然数；

$\mathbf{Z}$ 表示整数；

$\mathbf{Q}$ 表示有理数；

I_A 表示集合 A 的示性函数；

A^c 表示集合 A 的补集；

2^A 表示集合 A 的幂集（即 A 的所有子集组成的集合）；

$E[X]$ 表示随机变量 X 的数学期望；

$\mathrm{var}(X)$ 表示随机变量 X 的方差；

$\mathrm{cov}(X,Y)$ 表示随机变量 X 和 Y 的协方差；

$[c]$ 表示实数 c 的整数部分.

前言

在金融市场上，无风险资产在时刻 t 的价值 X_t 可表示为 $X_t = X_0 e^{rt}$，其中 r 为无风险利率，X_0 为初始价值，这一连续复利公式揭示了确定性资产的演化规律. 然而，对于风险资产 Y_t 而言，其价值变化具有随机性，无法用常微分方程描述. 此时，需要引入随机过程理论来刻画风险资产的动态特征.

随机过程作为概率论的延伸与发展，是研究动态随机现象的重要工具. 随着我国金融市场的快速发展，随机过程在金融工程、风险管理等领域的应用日益广泛，师生对相关知识与方法的学习需求也愈发迫切. 但作为概率论的后继课程，随机过程对基础知识要求较高，本科阶段的概率论教学往往难以满足学习需要，这给教学带来了挑战. 为此，笔者在参考国内外经典著作的基础上，结合教学实践编写了这本《随机过程简明教程》.

本书初稿源于济南大学金融数学专业的课程讲义，经多轮教学检验后，笔者对概率论基础部分进行了系统梳理与扩充，并新增了随机分析理论内容，以更好地衔接研究生阶段的进阶学习.

全书分为三部分：第一部分（第一至二章）系统回顾概率论基础，并介绍随机过程的基本概念；第二部分（第三至五章）以离散状态随机过程为核心，涵盖马尔可夫（Markov）链、泊松（Poisson）过程及其推广形式，帮助学生建立对随机演化规律的直观认识；第三部分（第六至八章）重点讨论连续状态随机过程，包括鞅过程、维纳（Wiener）过程及随机微分方程，并结合金融实例阐明其应用价值，同时还特别介绍了彭实戈院士与巴赫杜（Pardoux）教授提出的倒向随机微分方程理论.

为帮助学生巩固知识，每章后均配有习题，旨在加深学生对知识点的理解并提升他们运用随机过程理论解决实际问题的能力. 书末附有习题参考答案. 本书虽以金融数学专业教学为编写初衷，但其内容设计兼顾理论深度与普适性，亦可作为其他专业学习随机过程的参考用书.

本书的编写得到了王洪凯教授、温凤桐教授等多位老师的支持与帮助，李文豪同学参与了部分编写工作，在此表示衷心的感谢. 同时，感谢济南大学数学科学学院为本书编写和出版提供的支持.

由于编者水平有限，书中难免存在疏漏与不足之处，恳请广大读者批评指正.

孙钏峰

2023 年 6 月于济南

目　录

第一章　预备知识

本章主要介绍概率论的一些知识，包括 σ 域、条件期望以及各种收敛方式和不等式，这些知识是读者学习随机过程相关内容的基础. 本章内容较为繁杂，对于所有结论，笔者尽量给出相应的证明，以方便读者更加清晰地理解和掌握这些结论.

1.1　事件与概率

定义 1.1（随机试验）　如果一个试验满足以下三个条件：

(i)可以在相同的条件下重复进行；

(ii)每次试验的结果不止一个，但是预先知道试验所有可能的结果；

(iii)每次试验前，不能确定哪个结果出现，

则称该试验为随机试验.

定义 1.2（样本空间）　随机试验的基本结果称为样本点，记为 ω. 所有可能结果组成的集合称为样本空间，记为 Ω.

若将样本空间 Ω 中的部分元素组成的集合记为 $A,B,\cdots$，空集记为 $\varnothing$，则集合间的关系与运算定义如下：

(i)子集：若对 $\omega\in A$，一定有 $\omega\in B$，则称 A 是 B 的子集，记为 $A\subseteq B$.

(ii)集合相等：若 $A\subseteq B$ 且 $B\subseteq A$，则称 A 与 B 相等，记为 $A=B$.

(iii)并集($A\cup B$)：至少属于 A 或者 B 其中一个集合的元素的全体组成的集合.

(iv)交集($A\cap B$):同时属于 A 和 B 的元素的全体组成的集合.

(v)补集(A^c):样本空间中不属于 A 的元素组成的集合.

(vi)差集($A\backslash B$):由属于 A 但不属于 B 的元素组成的集合.

(vii)对称差集($A\triangle B$):$A\backslash B$ 与 $B\backslash A$ 的并集.

(viii)互不相交:若 $A\cap B=\varnothing$,则称 A 与 B 互不相交.

(ix)下限集:$\underline{\lim}_{n\to\infty}A_n=\bigcup_{n=1}^{\infty}\bigcap_{k=n}^{\infty}A_k$ ($\{A_n\}_{n\geqslant 1}$为任意给定的一列集合).

(x)上限集:$\overline{\lim}_{n\to\infty}A_n=\bigcap_{n=1}^{\infty}\bigcup_{k=n}^{\infty}A_k$.

定义 1.3 (事件) 如果集合族$\mathcal{F}$由样本空间Ω 的子集组成且满足以下三个条件:

(i)$\Omega\in\mathcal{F}$;

(ii)若 $A\in\mathcal{F}$,则$A^c\in\mathcal{F}$;

(iii)若$\{A_n\}_{n\geqslant 1}\subset\mathcal{F}$,则$\bigcup_{n=1}^{\infty}A_n\in\mathcal{F}$,

则称集合族$\mathcal{F}$为一个 σ 域(也称为 σ 代数),其中$\mathcal{F}$中的元素称为事件,$(\Omega,\mathcal{F})$称为可测空间.

思考 若$\mathcal{F}$是一个 σ 域,则空集$\varnothing$是否属于$\mathcal{F}$? 若 $A,B\in\mathcal{F}$,则 $A\cap B$ 是否属于$\mathcal{F}$?

定义 1.4(生成的 $\boldsymbol{\sigma}$ 域) 给定一个集合族 $\mathcal{A}$, 如果$\sigma(\mathcal{A})$满足以下两个条件:

(i)$\mathcal{A}\subset\sigma(\mathcal{A})$;

(ii)对于任意的 σ 域$\mathcal{B}$,若 $\mathcal{A}\subset\mathcal{B}$,则 $\sigma(\mathcal{A})\subset\mathcal{B}$,

则 $\sigma(\mathcal{A})$称为由 $\mathcal{A}$ 生成的 σ 域.

例 1.1 若 $\Omega:=\{0,1,2\}$, $\mathcal{A}:=\{\{0,1\}\}$,则

$$\sigma(\mathcal{A})=\{\varnothing,\{0,1\},\{2\},\Omega\}.$$

定义 1.5[波莱尔(Borel)$\boldsymbol{\sigma}$ 域] 实数集 $\mathbf{R}$ 上的波莱尔 σ 域是由$\{(-\infty,x):x\in\mathbf{R}\}$生成的 σ 域,记为$\mathcal{B}(\mathbf{R})$.

同理，也可以定义任意区间$[a,b]$上的波莱尔 σ 域，记为$\mathscr{B}([a,b])$.

那么，对于任意的 $a,b\in\mathbf{R}(a\leqslant b)$，区间$(a,b)$，$(a,b]$，$[a,b)$和$[a,b]$是否都属于波莱尔 σ 域？接下来，以区间(a,b)为例，说明上述区间均属于波莱尔 σ 域.

因为$(-\infty,a+1)$，$\left(-\infty,a+\frac{1}{2}\right)$，…，$\left(-\infty,a+\frac{1}{n}\right)$，…均属于$\mathscr{B}(\mathbf{R})$，所以

$$\bigcap_{n=1}^{\infty}\left(-\infty,a+\frac{1}{n}\right)\in\mathscr{B}(\mathbf{R}).$$

而$\bigcap\limits_{n=1}^{\infty}\left(-\infty,a+\frac{1}{n}\right)=(-\infty,a]$，所以$(-\infty,a]\in\mathscr{B}(\mathbf{R})$，从而$(a,+\infty)\in\mathscr{B}(\mathbf{R})$. 于是$(a,b)\in\mathscr{B}(\mathbf{R})$.

定义 1.6(概率)　如果函数 P 满足以下三个条件：

(i)若 $A\in\mathscr{F}$，则 $0\leqslant P(A)\leqslant 1$；

(ii)$P(\Omega)=1$；

(iii) 对两两互不相容的事件$\{A_n\}_{n\geqslant 1}$，有 $P(\bigcup\limits_{n=1}^{\infty}A_n)=\sum\limits_{n=1}^{\infty}P(A_n)$，

则定义在可测空间$(\Omega,\mathscr{F})$上的实值函数 P 称为概率. $(\Omega,\mathscr{F},P)$称为概率空间，$P(A)$称为事件 A 的概率.

定义 1.7　(i)对于可测空间$(\Omega,\mathscr{F})$上的两个有限正测度 μ 和 ν，如果对每个 $A\in\mathscr{F}$，由 $\mu(A)=0$ 可推出 $\nu(A)=0$，则称 ν 关于 μ 是绝对连续的，记为 $\nu\ll\mu$.

(ii)若 $\nu\ll\mu$ 且 $\mu\ll\nu$，则称 μ 和 ν 是相互等价的，记为 $\nu\sim\mu$.

(iii)若存在 $A\in\mathscr{F}$，满足 $\mu(A)=0$ 且 $\nu(A^c)=0$，则称 μ 和 ν 是相互奇异的，记为 $\mu\perp\nu$.

推论 1.1　若$A_n\downarrow\varnothing$，则$\lim\limits_{n\to\infty}P(A_n)=0$.

下面给出两个常见的概率空间：

例 1.2　若 $\Omega=\mathbf{N}$，$\mathscr{F}=2^{\mathbf{N}}$，则 $P(n)=\frac{1}{2^n}$，其中 $n\in\Omega$.

例 1.3 若 $\Omega=[0,1]$，$\mathcal{F}=\mathcal{B}([0,1])$，则对于任意的 $a,b\in\mathbf{R}(0\leqslant a\leqslant b\leqslant 1)$，$P([a,b])=b-a$. 这里的 P 称为勒贝格(Lebesgue)测度.

下面给出一个不可测集合的例子.

例 1.4[维塔利(Vitali)集合] 令 $\Omega=[0,1]$，P 取勒贝格测度. 对于任意的 $a,b\in\mathbf{R}(0\leqslant a\leqslant b\leqslant 1)$，若 $x-y=q(q\in\mathbf{Q})$，则称 x 和 y 等价. 与 x 等价的所有元素组成的集合记为 $[x]$. 在 $[0,1]$ 上，从每个等价集合 $[x]$ 中取一个元素，构成集合 V，则 V 在 P 下是一个不可测集合；否则，取 $\mathbf{Q}_{[-1,1]}=\{q: q\in\mathbf{Q}\cap[-1,1]\}$，则 $\mathbf{Q}_{[-1,1]}$ 是一个可列集(有理数集就是可列集). 取 $V_q=\{v+q: v\in V\}$，其中 $q\in\mathbf{Q}_{[-1,1]}$，则 $P(V_q)=P(V)$. 对于任意的 $q_1\neq q_2(q_1, q_2\in\mathbf{Q}_{[-1,1]})$，有 $V_{q_1}\cap V_{q_2}=\varnothing$.

因为 $\mathbf{Q}_{[-1,1]}$ 是一个可列集，所以

$$P\Big(\bigcup_{q\in\mathbf{Q}_{[-1,1]}} V_q\Big)=\sum_{q\in\mathbf{Q}_{[-1,1]}} P(V_q)=\infty\cdot P(V).$$

又因为

$$[0,1]\subset\bigcup_{q\in\mathbf{Q}_{[-1,1]}} V_q\subset[-1,2],$$

所以

$$1\leqslant P\Big(\bigcup_{q\in\mathbf{Q}_{[-1,1]}} V_q\Big)\leqslant 3.$$

1.2 随机变量及收敛定理

定义 1.8(有限分割) 若对于 $i\neq j$，有

$$A_i\in\mathcal{F},\quad A_i\cap A_j=\varnothing,\quad \bigcup_{i=1}^{n} A_i=\Omega,$$

则称集合族 $\{A_i\}_{1\leqslant i\leqslant n}$ 为 $(\Omega,\mathcal{F})$ 上的一个有限分割.

定义 1.9(阶梯随机变量) 若存在 $(\Omega,\mathcal{F})$ 上的一个有限分割 $\{A_i\}_{1\leqslant i\leqslant n}$ 和互不相同的实数 $\{x_i\}_{1\leqslant i\leqslant n}$，使得 Ω 上的函数 X 可表示为

$$X(\omega)=x_i,\quad \omega\in A_i,$$

则称 X 是阶梯随机变量.

定义 1.10(随机变量)　给定概率空间$(\Omega,\mathcal{F},P)$,如果 X 满足对于任意给定的$x\in\mathbf{R}$,$\{\omega:X(\omega)\leqslant x\}\in\mathcal{F}$,则称函数 $X:\Omega\to\mathbf{R}$ 为$\mathcal{F}$上的随机变量,$\sigma(X):=\sigma(\{\omega:X(\omega)\leqslant x\}_{x\in\mathbf{R}})$称为由随机变量 X 生成的σ 域.若 $\mathcal{A}$ 是 $\mathcal{F}$ 的一个子σ 域,且有$\sigma(X)\subset\mathcal{A}$,则称随机变量 X 关于σ 域$\mathcal{A}$可测.

思考　(1)随机变量 X 是否一定关于原σ 域$\mathcal{F}$可测?

(2)随机变量的定义是否等价于以下三条?对于任意的$x\in\mathbf{R}$,有

(i)$\{\omega:X(\omega)<x\}\in\mathcal{F}$;

(ii)$\{\omega:X(\omega)>x\}\in\mathcal{F}$;

(iii)$\{\omega:X(\omega)\geqslant x\}\in\mathcal{F}$.

在所有的随机变量中,最简单的就是示性函数.由于很多读者对示性函数这个概念比较陌生,因此下面首先介绍一下示性函数.对于给定的集合A,其示性函数的定义如下:

$$I_A(\omega)=\begin{cases}1, & \omega\in A,\\ 0, & \omega\notin A.\end{cases}$$

引入示性函数的好处在于可以将事件的研究统一纳入随机变量的研究范畴,例如,

$$I_{A^c}=1-I_A,\quad I_{A\cup B}=I_A+I_B-I_{A\cap B},\quad I_{A\cap B}=I_A\cdot I_B.$$

$$I_{\underline{\lim}_{n\to\infty}A_n}=\sup_{k\geqslant 1}\inf_{n\geqslant k}I_{A_n}=\underline{\lim}_{n\to\infty}I_{A_n},$$

$$I_{\overline{\lim}_{n\to\infty}A_n}=\inf_{k\geqslant 1}\sup_{n\geqslant k}I_{A_n}=\overline{\lim}_{n\to\infty}I_{A_n}.$$

阶梯随机变量时 X 又可以表示为

$$X=\sum_{i=1}^{n}x_iI_{A_i}.$$

思考　(1)若示性函数为常数,那么它表示的集合是什么?

(2)示性函数的数学期望是多少?

☞**命题 1.1**　若$\{X_n\}_{n\geqslant 1}$为随机变量序列,则下列函数均为随机变量:

$$\sup_{n\geqslant 1}X_n,\quad \inf_{n\geqslant 1}X_n,\quad \overline{\lim}_{n\to\infty}X_n,\quad \underline{\lim}_{n\to\infty}X_n.$$

【证明】 该命题可利用下列表达式证明：

$$\left\{\sup_{n\geqslant 1} X_n\leqslant x\right\}=\bigcap_{n\geqslant 1}\{X_n\leqslant x\},$$

$$\left\{\inf_{n\geqslant 1} X_n< x\right\}=\bigcup_{n\geqslant 1}\{X_n< x\},$$

$$\overline{\lim_{n\to\infty}}X_n=\inf_{k\geqslant 1}\sup_{n\geqslant k}X_n,$$

$$\underline{\lim_{n\to\infty}}X_n=\sup_{k\geqslant 1}\inf_{n\geqslant k}X_n.$$

☞命题 1.2 X 为$(\Omega,\mathcal{F})$上的随机变量的充要条件是存在阶梯随机变量序列$\{X_n\}_{n\geqslant 1}$，使得

$$X(\omega)=\lim_{n\to\infty}X_n(\omega).$$

【证明】 充分性：$X=\overline{\lim_{n\to\infty}}X_n=\underline{\lim_{n\to\infty}}X_n$.

必要性：设 X 是非负随机变量，取

$$X_n=\sum_{k=0}^{n\cdot 2^n-1}\frac{k}{2^n}I_{\left\{\frac{k}{2^n}\leqslant X<\frac{k+1}{2^n}\right\}}+nI_{\{X\geqslant n\}},$$

X_n是递增的阶梯随机变量，故对任意的$\omega\in\Omega$，有

$$X(\omega)=\lim_{n\to\infty}X_n(\omega).$$

对于一般的随机变量 X，取

$$X^+=X\vee 0,\quad X^-=(-X)\vee 0,$$

则

$$X=X^+-X^-.$$

因为 X^+ 和 X^- 均为非负随机变量，所以存在阶梯随机变量序列$\{Y_n\}_{n\geqslant 1}$和$\{Z_n\}_{n\geqslant 1}$，使得

$$X^+=\lim_{n\to\infty}Y_n(\omega),\quad X^-=\lim_{n\to\infty}Z_n(\omega).$$

取

$$X_n=Y_n-Z_n,$$

则$\{X_n\}_{n\geqslant 1}$是阶梯随机变量序列，且 $X(\omega)=\lim_{n\to\infty}X_n(\omega)$.

定义 1.11(积分-期望)　若 X 为阶梯随机变量,即

$$X=\sum_{i=1}^{n}x_iI_{A_i},$$

则称

$$\sum_{i=1}^{n}x_iP(A_i)$$

为 X 的期望,或者 X 关于概率 P 的积分,记为 $E[X]$.

记E_+为非负阶梯随机变量全体,

$$C_+=\{X=\lim_{n\to\infty}X_n:X_n\in E_+;X_n\text{是递增的}\},$$

$\{X_n\}_{n\geqslant1}\subset E_+$是递增的非负阶梯随机变量序列,若

$$X=\lim_{n\to\infty}X_n,$$

则 X 的期望定义为

$$E[X]=\lim_{n\to\infty}E[X_n].$$

由于对于一般的随机变量 X,均有

$$X=X^+-X^-,$$

所以也可以通过类似方式定义一般的随机变量的期望.

下面给出一些常见的分布:

(1)离散均匀分布:

$$P(X=k)=\frac{1}{n},\quad k=1,2,\cdots,n.$$

(2)二项分布:对于固定的 n 和 $0<p<1$,有

$$P(X=k)=\mathrm{C}_n^kp^k(1-p)^{n-k},\quad k\geqslant0.$$

(3)几何分布:

$$P(X=k)=pq^{k-1},\quad k\geqslant0,\quad p+q=1.$$

(4)泊松(Poisson)分布:

$$P(X=k)=\frac{\lambda^k}{k!}\mathrm{e}^{-\lambda},\quad k=0,1,2,\cdots,\quad \lambda>0.$$

(5)均匀分布:其概率密度函数为

$$f(x)=\begin{cases}\dfrac{1}{b-a}, & a\leqslant x\leqslant b,\\ 0, & \text{其他}.\end{cases}$$

(6)指数分布:其概率密度函数为

$$f(x)=\begin{cases}\lambda \mathrm{e}^{-\lambda x}, & x\geqslant 0,\\ 0, & \text{其他}.\end{cases}$$

(7)正态分布:其概率密度函数为

$$f(x)=\frac{1}{\sigma\sqrt{2\pi}}\mathrm{e}^{-\frac{(x-\mu)^2}{2\sigma^2}},\quad x\in\mathbf{R}.$$

(8)Γ 分布:其概率密度函数为

$$f(x)=\begin{cases}\dfrac{\lambda^{\alpha}}{\Gamma(\alpha)}x^{\alpha-1}\mathrm{e}^{-\lambda x}, & x>0,\\ 0, & x\leqslant 0,\end{cases}\quad \alpha>0,$$

其中

$$\Gamma(\alpha)=\int_0^{+\infty}x^{\alpha-1}\mathrm{e}^{-x}\mathrm{d}x,\quad \alpha>0.$$

Γ 函数的性质如下:

①$\Gamma(\alpha+1)=\alpha\Gamma(\alpha)$;

②$\Gamma(1)=1$;

③$\Gamma\left(\frac{1}{2}\right)=\sqrt{\pi}$;

④$\Gamma(n+1)=n!$.

引理 1.1[莱维(Levi)引理] (i)若$\{X_n\}_{n\geqslant 1}$单调递增趋于 X,且对某个n_0,$X_{n_0}^-$可积,则

$$\lim_{n\to\infty}E[X_n]=E[X].$$

(ii)若$\{X_n\}_{n\geqslant 1}$单调下降趋于 X,且对某个n_0,$X_{n_0}^+$可积,则

$$\lim_{n\to\infty}E[X_n]=E[X].$$

【证明】 (i)取$Y_n=X_n+X_{n_0}^-$,则$\{Y_n\}_{n\geqslant 1}$非负单调递增,且

$$\lim_{n\to\infty} Y_n = X + X_{n_0}^-.$$

于是

$$\lim_{n\to\infty} E[Y_n] = E[X + X_{n_0}^-] = E[X] + E[X_{n_0}^-].$$

因为

$$E[Y_n] = E[X_n] + E[X_{n_0}^-],$$

所以

$$\lim_{n\to\infty} E[Y_n] = \lim_{n\to\infty} E[X_n] + E[X_{n_0}^-],$$

因此

$$\lim_{n\to\infty} E[X_n] = E[X].$$

(ii)类似(i)的证明，取$Y_n = -X_n + X_{n_0}^+$即可.

引理 1.2［法图(Fatou)引理］　已知$\{X_n\}_{n\geqslant 1}$为随机变量序列，Y, Z为可积随机变量.

(i)若存在n_0，使得$n\geqslant n_0$时有$X_n\geqslant Z$，则

$$E[\varliminf_{n\to\infty} X_n] \leqslant \varliminf_{n\to\infty} E[X_n].$$

(ii)若存在n_0，使得$n\geqslant n_0$时有$X_n\leqslant Y$，则

$$E[\varlimsup_{n\to\infty} X_n] \geqslant \varlimsup_{n\to\infty} E[X_n].$$

【证明】　(i)取$Y_n = \inf\limits_{k\geqslant n} X_k \leqslant X_n$，则$\{Y_n\}_{n\geqslant n_0}$是单调递增序列，$Y_{n_0}\geqslant Z$.由莱维引理可知

$$E[\varliminf_{n\to\infty} X_n] = E[\lim_{n\to\infty} Y_n] = \lim_{n\to\infty} E[Y_n] \leqslant \varliminf_{n\to\infty} E[X_n].$$

(ii)用与(i)相同的方法可证.

定理 1.1(勒贝格控制收敛定理)　若$\{X_n\}_{n\geqslant 1}$为随机变量序列，$|X_n|\leqslant Y$，Y为可积随机变量，且

$$\lim_{n\to\infty} X_n = X,$$

则

$$\lim_{n\to\infty} E[X_n] = E[X].$$

【证明】　因为$\{X_n\}_{n\geqslant 1}$满足法图引理的条件(取$Z=-Y$即可)，故由法图引理可得

$$E[X_n]=E[\varliminf_{n\to\infty}X_n]\leqslant\varliminf_{n\to\infty}E[X_n]\leqslant\varlimsup_{n\to\infty}E[X_n]\leqslant E[\varlimsup_{n\to\infty}X_n]=E[X].$$

$\lim\limits_{n\to\infty}X_n=X$，但$\lim\limits_{n\to\infty}E[X_n]\neq E[X]$的例子如下：

取样本空间 $\Omega=[0,1]$，$P((a,b])=b-a$，其中 $0\leqslant a\leqslant b\leqslant 1$，则

$$X_n=\begin{cases}n, & \omega\in\left(0,\dfrac{1}{n}\right],\\ 0, & \omega\notin\left(0,\dfrac{1}{n}\right].\end{cases}$$

显然X_n在所有样本点都收敛到$X=0$，即$X_n\to X=0$. 但是 $E[X_n]=1\neq 0=E[X]$.

定义 1.12 设 $D(\omega)$是一个关于 ω 的论断，若 $A=\{\omega:D(\omega)\text{不真}\}$为可略集，即 $P(A)=0$，则称 $D(\omega)$几乎处处(a.e.)成立.

定义 1.13(随机变量等价) 若 $P(\{\omega:X(\omega)\neq Y(\omega)\})=0$，则称 X 和 Y 两个随机变量是等价的.

例 1.5 若 $\Omega=[0,1]$，$\mathscr{F}=\mathscr{B}([0,1])$，$P$ 是$[0,1]$上的勒贝格测度，则

$$X=I_{[0,\frac{1}{2}]}\text{和 }Y=I_{[0,\frac{1}{2})}$$

是等价的.

定义 1.14(几乎处处收敛) 若随机变量序列$\{X_n\}_{n\geqslant 1}$满足

$$\varlimsup_{n\to\infty}X_n=\varliminf_{n\to\infty}X_n,\quad \text{a.e.},$$

则记 $X=\lim\limits_{n\to\infty}X_n$，a.e. 或$X_n\xrightarrow{\text{a.e.}}X$.

定义 1.15(独立性) (i)若对 I 的任意非空有限子集$\{i_1,i_2,\cdots,i_k\}$，有

$$P\left(\bigcap_{j=1}^{k}A_{i_j}\right)=\prod_{j=1}^{k}P(A_{i_j}),$$

则称事件族$\{A_i\}_{i\in I}$ 是独立的.

(ii)若对 I 的任意非空有限子集$\{i_1,i_2,\cdots,i_k\}$，$A_{i_j}\in\mathscr{A}_{i_j}$，有

$$P\left(\bigcap_{j=1}^{k}A_{i_j}\right)=\prod_{j=1}^{k}P(A_{i_j}),$$

则称 σ 域族$\{\mathscr{A}_i\}_{i\in I}$ 是独立的.

(iii)若$\{\sigma(X_i)\}_{i\in I}$是独立的，则称随机变量族$\{X_i\}_{i\in I}$是独立的.

1.3　条件期望及其性质

定理 1.2［拉东-尼科迪姆(Radon-Nikodym)定理］　设$(\Omega,\mathcal{F},P)$为概率空间，ν 为该概率空间上的有限正测度且 $\nu\ll P$，则存在唯一的随机变量 f，使得对于任意的 $A\in\mathcal{F}$，有

$$\nu(A)=\int_A f(\omega)P(\mathrm{d}\omega).$$

则称 f 为 ν 关于 P 的拉东-尼科迪姆导数，简称 R-N 导数，记为 $f=\dfrac{\mathrm{d}\nu}{\mathrm{d}P}$.

☞**命题** 1.3　若 μ,ν 为可测空间$(\Omega,\mathcal{F})$上的两个有限正测度，且 $\nu\ll\mu$，则对于每个可积函数 f，对任意的 $A\in\mathcal{F}$，有

$$\int_A f(\omega)\mathrm{d}\nu=\int_A f\frac{\mathrm{d}\nu}{\mathrm{d}\mu}\mathrm{d}\mu.$$

定义 1.16(条件概率)　已知 A,B 是两个事件，若 $P(B)>0$，则事件 A 关于事件 B 的条件概率为

$$P(A|B)=\frac{P(AB)}{P(B)}.$$

☞**命题** 1.4　对于 $B\in\mathcal{F}$，随机变量 X 关于事件 B 的条件期望为

$$E[X|B]=\frac{1}{P(B)}\int_B X\mathrm{d}P=\frac{E[X\cdot I_B]}{P(B)}.$$

【证明】　由于P_B本身是可测空间$(\Omega,\mathcal{F})$上的概率测度，且$P_B\ll P$，设P_B关于 P 的 R-N 导数为 f，则对于任意的 $A\in\mathcal{F}$，有

$$P_B(A)=\int_A f\mathrm{d}P=\frac{P(AB)}{P(B)}=\frac{1}{P(B)}\int I_{AB}\mathrm{d}P=\frac{1}{P(B)}\int I_AI_B\mathrm{d}P=\frac{1}{P(B)}\int_A I_B\mathrm{d}P,$$

所以

$$f=\frac{I_B}{P(B)},$$

因此

$$E[X|B]=\int X\mathrm{d}P_B=\int Xf\mathrm{d}P=\frac{1}{P(B)}\int_B X\mathrm{d}P=\frac{E[X\cdot I_B]}{P(B)}.$$

定义 1.17(条件期望) 已知$\mathcal{B}$是$\mathcal{F}$的一个子σ域,如果$E[X|\mathcal{B}]$满足下面两个条件:

(i)$E[X|\mathcal{B}]$关于$\mathcal{B}$可测;

(ii)对于任意的$B\in\mathcal{B}$,有

$$E[X\cdot I_B]=E(E[X|\mathcal{B}]\cdot I_B),$$

则称$E[X|\mathcal{B}]$为随机变量X关于$\mathcal{B}$的条件期望.

思考 $E[X|\mathcal{B}]$是否与$P(A|B)$和$E[X|B]$一样是常数?

定义 1.17 中的条件期望一定是存在且唯一的,这可由命题 1.5 证明.

☞**命题** 1.5 若随机变量X可积,$\mathcal{B}$是$\mathcal{F}$的一个子σ域,则存在唯一的关于$\mathcal{B}$可测的可积随机变量Y,使得对于任意的$B\in\mathcal{B}$,有

$$\int_B Y\mathrm{d}P=\int_B X\mathrm{d}P.$$

【证明】 对于任意的$B\in\mathcal{B}$,记

$$\nu(B)=\int_B X\mathrm{d}P,$$

则ν是定义在(Ω,B)上的广义测度. 由于$\nu\ll P$,记其 R-N 导数为Y,则Y是关于$\mathcal{B}$可测的可积随机变量,且是唯一的,因此对于任意的$B\in\mathcal{B}$,有

$$\nu(B)=\int_B Y\mathrm{d}P.$$

例 1.6 已知$\Omega=\{-1,0,1\}$,$\mathcal{F}=2^{\Omega}$,$P(-1)=P(0)=P(1)=\frac{1}{3}$,若$\mathcal{B}=\{\varnothing,\{-1\},\{0,1\},\Omega\}$,$X=-I_{\{-1\}}+I_{\{1\}}$,则

$$E[X|B]=-I_{\{-1\}}+\frac{1}{2}\cdot I_{\{0,1\}}.$$

由定义 1.17 的(i),$E[X|\mathcal{B}]$关于$\mathcal{B}$可测,所以可设

$$E[X|\mathcal{B}]=aI_{\{-1\}}+bI_{\{0,1\}}.$$

再由定义 1.17(ii),对于任意的 $B\in\mathcal{B}$,有 $E[X\cdot I_B]=E(E[X|B]\cdot I_B)$,所以

$$\begin{cases}E[(-I_{\{-1\}}-I_{\{1\}})\cdot I_{\{-1\}}]=E[(aI_{\{-1\}}+bI_{\{0,1\}})\cdot I_{\{-1\}}],\\ E[(-I_{\{-1\}}+I_{\{1\}})\cdot I_{\{0,1\}}]=E[(aI_{\{-1\}}+bI_{\{0,1\}})\cdot I_{\{0,1\}}].\end{cases}$$

于是可得

$$\begin{cases}a=-1,\\ b=\dfrac{1}{2}.\end{cases}$$

☞**命题 1.6(条件期望的性质)**　(i)若随机变量 X 关于子 σ 域 $\mathcal{B}$ 可测,则 $E[X|\mathcal{B}]=X$.

(ii)若随机变量 X 关于子 σ 域 $\mathcal{B}$ 独立,则

$$E[X|\mathcal{B}]=E[X].$$

(iii)$E[E[X|\mathcal{B}]]=E[X]$.

(iv)若 $a,b\in\mathbf{R}$,则

$$E[(aX+bY)|\mathcal{B}]=aE[X|\mathcal{B}]+bE[Y|\mathcal{B}].$$

(v) 若 $X\leqslant Y$,则 $E[X|\mathcal{B}]\leqslant E[Y|\mathcal{B}]$.

(vi) 若$\mathcal{B}_1$,$\mathcal{B}_2$是$\mathcal{F}$的两个子 σ 域且$\mathcal{B}_1\subset\mathcal{B}_2$,则

$$E[E[X|\mathcal{B}_1]|\mathcal{B}_2]=E[X|\mathcal{B}_1]=E[E[X|\mathcal{B}_2]|\mathcal{B}_1].$$

(vii) 若 X 关于$\mathcal{B}$ 可测,则

$$E[XY|\mathcal{B}]=XE[Y|\mathcal{B}].$$

(viii)对于任意关于$\mathcal{B}$ 可测的随机变量 X,有

$$E[(Y-E[Y|\mathcal{B}])^2]\leqslant E[(Y-X)^2].$$

【证明】　(i)由于 X 关于子 σ 域 $\mathcal{B}$ 可测,则对于任意的 $B\in\mathcal{B}$,显然有

$$\int_B Y\mathrm{d}P=\int_B X\mathrm{d}P.$$

根据条件期望的唯一性,所以 $E[X|\mathcal{B}]=X$.

(ii)由于常数 $E[X]$关于任何 σ 域均可测,自然也关于子 σ 域$\mathcal{B}$可测.

另外,对于任意的 $B\in\mathcal{B}$,有

$$\int_B X\mathrm{d}P = E[X\cdot I_B]=E[X]E[I_B]=P(B)E[X]=\int_B E[X]\mathrm{d}P,$$

所以 $E[X|\mathcal{B}]=E[X]$.

(iii)因为 $\Omega\in\mathcal{B}$,所以

$$E[X]=\int_\Omega X\mathrm{d}P=\int_\Omega E[X|B]\mathrm{d}P=E[E[X|B]].$$

(iv)对于任意的 $B\in\mathcal{B}$,有

$$\begin{aligned}\int_B E[(aX+bY)\mid\mathcal{B}]\mathrm{d}P&=\int_B(aX+bY)\mathrm{d}P\\&=a\int_B X\mathrm{d}P+b\int_B Y\mathrm{d}P\\&=a\int_B E[X|\mathcal{B}]\mathrm{d}P+b\int_B E[Y|\mathcal{B}]\mathrm{d}P\\&=\int_B(aE[X|\mathcal{B}]+bE[Y|\mathcal{B}])\mathrm{d}P.\end{aligned}$$

(v) 对于任意的 $B\in\mathcal{B}$,有

$$\int_B E[X|\mathcal{B}]\mathrm{d}P=\int_B X\mathrm{d}P\leqslant\int_B Y\mathrm{d}P=\int_B E[Y|\mathcal{B}]\mathrm{d}P,$$

所以 $E[X\mid\mathcal{B}]\leqslant E[Y\mid\mathcal{B}]$.

(vi) 因为$E[X\mid\mathcal{B}_1]$关于子σ域$\mathcal{B}_1$可测,又因为$\mathcal{B}_1\subset\mathcal{B}_2$,所以$E[X|\mathcal{B}_1]$一定关于子 σ 域$\mathcal{B}_2$可测,所以

$$E[E[X|\mathcal{B}_1]\mid\mathcal{B}_2]=E[X|\mathcal{B}_1].$$

另外,对于任意的 $B\in\mathcal{B}_1\subset\mathcal{B}_2$,有

$$\int_B E[X|\mathcal{B}_1]\mathrm{d}P=\int_B X\mathrm{d}P=\int_B E[X|\mathcal{B}_2]\mathrm{d}P=\int_B E[E[X|\mathcal{B}_2]\mid\mathcal{B}_1]\mathrm{d}P.$$

(vii) 下面只对 X 为阶梯函数时证明结论成立.

设

$$X=\sum_{i=1}^{n}x_iI_{B_i},$$

对于任意的 $B\in\mathscr{B}$,有

$$\int_B E[XY\mid\mathscr{B}]\mathrm{d}P=\int_B XY\mathrm{d}P=\sum_{i=1}^{n}\int_B x_iI_{B_i}Y\mathrm{d}P=\sum_{i=1}^{n}x_i\int_{BB_i}Y\mathrm{d}P.$$

因为对于任意的 $1\leqslant i\leqslant n$,都有 $BB_i\in\mathscr{B}$,所以

$$\begin{aligned}\sum_{i=1}^{n}x_i\int_{BB_i}Y\mathrm{d}P&=\sum_{i=1}^{n}x_i\int_{BB_i}E[Y|\mathscr{B}]\mathrm{d}P\\&=\sum_{i=1}^{n}\int_B x_iI_{B_i}E[Y|\mathscr{B}]\mathrm{d}P\\&=\int_B XE[Y\mid\mathscr{B}]\mathrm{d}P.\end{aligned}$$

所以 $E[XY|\mathscr{B}]=XE[Y|\mathscr{B}]$.

(viii)因为

$$\begin{aligned}E[(Y-X)^2]&=E[(Y-E[Y|\mathscr{B}]+E[Y|\mathscr{B}]-X)^2]\\&=E[(Y-E[Y|\mathscr{B}])^2]+2E[(Y-E[Y|\mathscr{B}])(E[Y|\mathscr{B}]-X)]\\&\quad+E[(E[Y|\mathscr{B}]-X)^2],\end{aligned}$$

又因为 $E[Y|\mathscr{B}]-X$ 关于$\mathscr{B}$可测,根据性质(iii)和(vii),有

$$\begin{aligned}&E[(Y-E[Y|\mathscr{B}])(E[Y|\mathscr{B}]-X)]\\&=E[E[(Y-E[Y|\mathscr{B}])(E[Y|\mathscr{B}]-X)|\mathscr{B}]]\\&=E[(E[Y|\mathscr{B}]-X)E[(Y-E[Y|\mathscr{B}])|\mathscr{B}]]\\&=E[(E[Y|\mathscr{B}]-X)(E[Y|\mathscr{B}]-E[Y|\mathscr{B}])]\\&=0,\end{aligned}$$

所以

$$\begin{aligned}E[(Y-X)^2]&=E[(Y-E[Y|\mathscr{B}])^2]+E[(E[Y|\mathscr{B}]-X)^2]\\&\geqslant E[(Y-E[Y|\mathscr{B}])^2],\end{aligned}$$

当且仅当 $X=E[Y|\mathscr{B}]$时,$E[(Y-X)^2]$达到最小值 $E[(Y-E[Y|\mathscr{B}])^2]$.

(ix)若随机变量 X 和 Y 相互独立,函数 $\varphi(x,y)$满足 $E[|\varphi(X,Y)|]<+\infty$,则

$$E[\varphi(X,Y)|Y]=E[\varphi(X,y)]|_{y=Y},$$

这里 $E[\varphi(X,y)]|_{y=Y}$表示先将随机变量 Y 看成常数 y,待求出数学期望 $E[\varphi(X,y)]$后,再将 y 还原成随机变量 Y.

另外,对于两个概率测度,还可得出下面的命题:

☞**命题 1.7** 若 P 和 Q 为可测空间$(\Omega,\mathcal{F})$上的两个概率测度,且 $Q\ll P$,设$\frac{\mathrm{d}Q}{\mathrm{d}P}=Z$,则对随机变量 X 和子σ 域 $\mathcal{B}$,有

$$E_Q[X|\mathcal{B}]=\frac{E_P[XZ|\mathcal{B}]}{E_P[Z|\mathcal{B}]}.$$

【证明】 对于任意的 $B\in\mathcal{B}$,有

$$\int_B E_Q[X|\mathcal{B}]\mathrm{d}Q=\int_B X\mathrm{d}Q=\int_B XZ\mathrm{d}P=\int_B E_P[XZ|\mathcal{B}]\mathrm{d}P.$$

另外,由于

$$\begin{aligned}\int_B E_Q[X|\mathcal{B}]\mathrm{d}Q&=\int_B E_Q[X|\mathcal{B}]Z\mathrm{d}P\\&=\int_B E_P[E_Q[X|\mathcal{B}]Z|\mathcal{B}]\mathrm{d}P\\&=\int_B E_Q[X|\mathcal{B}]E_P[Z|\mathcal{B}]\mathrm{d}P,\end{aligned}$$

根据条件期望的唯一性,有

$$E_P[XZ|\mathcal{B}]=E_Q[X|\mathcal{B}]E_P[Z|\mathcal{B}],$$

所以

$$E_Q[X|\mathcal{B}]=\frac{E_P[XZ|\mathcal{B}]}{E_P[Z|\mathcal{B}]}.$$

概率论中对于随机变量序列收敛的定义方式不只一种,这几种方式之间有联系,也有区别,下面分别给出它们的定义.

定义 1.18(收敛性) 对于一列随机变量序列$\{X_1,X_2,\cdots,X_n\}$,我们说

$\{X_n\}_{n\geq 1}$收敛到某个随机变量 X，有以下几种定义：

(i)若 $P(\{\omega: X(\omega)=\lim\limits_{n\to\infty} X_n(\omega)\})=1$，则称$\{X_n\}_{n\geq 1}$几乎处处收敛到 X，记为$X_n \xrightarrow{\text{a.e.}} X$.

(ii)若对于任意的 $\varepsilon>0$，有$\lim\limits_{n\to\infty} P(|X_n-X|>\varepsilon)=0$，则称$\{X_n\}_{n\geq 1}$依概率收敛到 X，记为$X_n \xrightarrow{P} X$.

(iii)若 $\lim\limits_{n\to\infty} E[|X_n-X|^p]=0$，则称$\{X_n\}_{n\geq 1}$ p 阶矩收敛到 X，记为 $X_n \xrightarrow{L^p} X$. 特别地，当 $p=2$ 时，二阶矩收敛又被称为均方收敛.

(iv)若对于 X 的分布函数F_X上的任意连续点 x，均有$\lim\limits_{n\to\infty} F_{X_n}(x)=F_X(x)$，则称$\{X_n\}_{n\geq 1}$依分布收敛到 X.

这几种收敛的强弱关系如下：

$$\begin{cases}\text{几乎处处收敛}\Rightarrow\text{依概率收敛}\Rightarrow\text{依分布收敛；}\\ p\text{ 阶矩收敛}\Rightarrow\text{依概率收敛}\Rightarrow\text{依分布收敛.}\end{cases}$$

然而，几乎处处收敛和 p 阶矩收敛之间没有强弱关系.

例 1.7　$X_n \xrightarrow{P} X$ 不是几乎处处收敛的例子如下：

取样本空间 $\Omega=(0,1]$，$P((a,b])=b-a$，其中 $0<a\leq b\leq 1$.

令$X_1=1$，

$$X_2=\begin{cases}1, & \omega\in\left(0,\dfrac{1}{2}\right],\\ 0, & \omega\in\left(\dfrac{1}{2},1\right],\end{cases}\quad X_3=\begin{cases}1, & \omega\in\left(\dfrac{1}{2},1\right],\\ 0, & \omega\in\left(0,\dfrac{1}{2}\right],\end{cases}$$

$$X_4=\begin{cases}1, & \omega\in\left(0,\dfrac{1}{3}\right],\\ 0, & \omega\in\left(\dfrac{1}{3},1\right],\end{cases}\quad X_5=\begin{cases}1, & \omega\in\left(\dfrac{1}{3},\dfrac{2}{3}\right],\\ 0, & \omega\notin\left(\dfrac{1}{3},\dfrac{2}{3}\right],\end{cases}$$

$$X_6=\begin{cases}1, & \omega\in\left(\dfrac{2}{3},1\right],\\ 0, & \omega\in\left(0,\dfrac{2}{3}\right],\end{cases}\quad X_7=\cdots$$

可以证明,对于任意的 $\varepsilon>0$,有

$$\lim_{n\to\infty} P(|X_n-X|>\varepsilon)=0,$$

但是 $\{X_n\}_{n\geqslant 1}$ 在任意样本点 ω 处都不收敛.

1.4 四个常用的不等式

定义 1.19(凸函数) 若对于任意的 $x,y\in L$ 和实数 $0\leqslant\lambda\leqslant 1$,都有

$$\varphi(\lambda x+(1-\lambda)y)\leqslant\lambda\varphi(x)+(1-\lambda)\varphi(y),$$

则称 φ 是定义在线性空间 L 上的凸函数.

☞**命题 1.8**[琴生(Jensen)不等式] 若 φ 是实数域上的凸函数,随机变量 X 满足 $E[|X|]<+\infty$ 且 $E[|\varphi(X)|]<+\infty$,则

$$E[\varphi(X)]\geqslant\varphi(E[X]).$$

【证明】 因为 φ 是凸函数,所以

$$\varphi(x)\geqslant\varphi(x_0)+\varphi'(x_0)(x-x_0).$$

令 $x=X, x_0=E[X]$,于是

$$\varphi(X)\geqslant\varphi(E[X])+\varphi'(E[X])(X-E[X]),$$

两边取期望,得

$$\begin{aligned}E[\varphi(X)]&\geqslant\varphi(E[X])+\varphi'(E[X])E[X-E[X]]\\&=\varphi(E[X])+\varphi'(E[X])(E[X]-E[X])\\&=\varphi(E[X]).\end{aligned}$$

上式是基于 φ 是一阶可导函数证明的琴生不等式,若 φ 非一阶可导,则可将导数换为次导数,同样可以证明.

☞**命题 1.9**[赫尔德(Hölder)不等式] 设 $p\geqslant 1, q\geqslant 1$,且满足 $\frac{1}{p}+\frac{1}{q}=1$. 若 X 和 Y 为随机变量,则

$$E[|XY|]\leqslant(E[|X|^p])^{\frac{1}{p}}(E[|X|^q])^{\frac{1}{q}}.$$

【证明】 取 $\varphi(x)=-\ln x$,由于 $\varphi(x)$ 是凸函数,则对于任意的 $0\leqslant\lambda\leqslant 1$,有

$$\lambda(-\ln x)+(1-\lambda)(-\ln y)\geqslant-\ln[\lambda x+(1-\lambda)y],$$

即

$$\lambda\ln x+(1-\lambda)\ln y\leqslant\ln[\lambda x+(1-\lambda)y],$$

即

$$x^{\lambda}y^{1-\lambda}\leqslant\lambda x+(1-\lambda)y.$$

取 $x=\dfrac{|X|^p}{E[|X|^p]}$，$y=\dfrac{|Y|^q}{E[|Y|^q]}$，$\lambda=\dfrac{1}{p}$，则 $1-\lambda=\dfrac{1}{q}$，于是有

$$\frac{|X|}{(E[|X|^p])^{\frac{1}{p}}}\cdot\frac{|Y|}{(E[|Y|^q])^{\frac{1}{q}}}\leqslant\frac{1}{p}\cdot\frac{|X|^p}{E[|X|^p]}+\frac{1}{q}\cdot\frac{|Y|^q}{E[|Y|^q]},$$

两边取期望，可得

$$E\left[\frac{|X|}{(E[|X|^p])^{\frac{1}{p}}}\cdot\frac{|Y|}{(E[|Y|^q])^{\frac{1}{q}}}\right]=\frac{E[|XY|]}{(E[|X|^p])^{\frac{1}{p}}(E[|Y|^q])^{\frac{1}{q}}}\leqslant\frac{1}{p}+\frac{1}{q}=1,$$

所以

$$E[|XY|]\leqslant(E[|X|^p])^{\frac{1}{p}}(E[|X|^q])^{\frac{1}{q}}.$$

☞**命题 1.10**[闵可夫斯基(Minkowski)不等式]

$$(E[|X+Y|^p])^{\frac{1}{p}}\leqslant(E[|X|^p])^{\frac{1}{p}}+(E[|Y|^p])^{\frac{1}{p}}.$$

【证明】 由

$$\begin{aligned}E[|X+Y|^p]&\leqslant E[|X+Y|\cdot|X+Y|^{p-1}]\\&\leqslant E[|X||X+Y|^{p-1}]+E[|Y||X+Y|^{p-1}],\end{aligned}$$

根据赫尔德不等式，可得

$$\begin{aligned}E[|X+Y|^p]&\leqslant(E[|X|^p])^{\frac{1}{p}}(E[(|X+Y|^{p-1})^q])^{\frac{1}{q}}\\&\quad+(E[|Y|^p])^{\frac{1}{p}}(E[(|X+Y|^{p-1})^q])^{\frac{1}{q}}\\&=((E[|X|^p])^{\frac{1}{p}}+(E[|Y|^p])^{\frac{1}{p}})(E[|X+Y|^p])^{\frac{1}{q}},\end{aligned}$$

两边同时除以 $(E[|X+Y|^p])^{\frac{1}{q}}$，可得

$$(E[|X+Y|^p])^{\frac{1}{p}}\leqslant(E[|X|^p])^{\frac{1}{p}}+(E[|Y|^p])^{\frac{1}{p}}.$$

☞**命题 1.11**　若 L^p 空间是一个赋范空间，则 $(E[|X|^p])^{\frac{1}{p}}$ 是 L^p 空间中的范数.

【证明】 这是闵可夫斯基不等式的直接结果.

☞命题 1.12[贝尔曼-格朗沃尔(Bellman-Gronwall)不等式]　设 K 为非负常数，$g(t)$和 $\psi(t)$是区间$[a,b]$上的非负连续函数，且满足对于 $a\leqslant t\leqslant b$，有

$$g(t)\leqslant K+\int_a^t g(s)\psi(s)\mathrm{d}s,$$

则有

$$g(t)\leqslant K\mathrm{e}^{\int_a^t \psi(s)\mathrm{d}s}.$$

【证明】　设

$$f(t)=K+\int_a^t g(s)\psi(s)\mathrm{d}s,$$

则 $g(t)\leqslant f(t)$，且

$$\frac{\mathrm{d}f}{\mathrm{d}s}=g(s)\psi(s)\leqslant f(s)\psi(s).$$

于是有

$$\ln f(t)-\ln f(a)=\int_a^t \frac{1}{f(s)}\mathrm{d}f(s)\leqslant\int_a^t\psi(s)\mathrm{d}s.$$

因为 $f(a)=K$，所以

$$g(t)\leqslant f(t)\leqslant K\mathrm{e}^{\int_a^t\psi(s)\mathrm{d}s}.$$

习题一

1. 若 $\Omega=[0,1]$，$\mathscr{A}=\{A_1,A_2\}$，其中 $A_1=\left[0,\frac{2}{3}\right]$，$A_2=\left[\frac{1}{3},1\right]$，请写出 $\sigma(\mathscr{A})$.

2. 若 $\Omega=[0,1]$，P 是$[0,1]$上的勒贝格测度，取集合 $\mathbf{Q}_{[0,1]}$ 表示$[0,1]$上的所有有理数，试求 $P(\mathbf{Q}_{[0,1]})$.

3. 若 $\Omega=\{-1,0,1\}$，$\mathscr{F}=2^{\Omega}$，$P(-1)=P(0)=P(1)=\frac{1}{3}$，给定子 σ 域 $\mathscr{B}=\{\varnothing,\{-1\},\{0,1\},\Omega\}$ 和随机变量 $Y=-I_{\{-1\}}+I_{\{0\}}+I_{\{1\}}$，试求 $E[Y|\mathscr{B}]$.

4. 设离散型随机变量 X,Y 满足：已知对任意的 X 可能的取值 x 和 Y 可能的取值 y，有

$$E(Y|X=x)=-x+6,\quad E(X|Y=y)=\frac{1}{2}y+3,$$

求 $E[X]$,$E[Y]$.

5. 给定两个随机变量 X 和 Y,若已知 $E[Y|\sigma(X)]=E[Y]$,求证:$\mathrm{cov}(X,Y)=0$.

6. 某考古人员坠入了一个古墓密室中,密室四面分别有四道门,若穿过第一道门后,经过 2 h,他将走出古墓;穿过第二道门后,经过 3 h,他将返回原地;穿过第三道门后,经过 5 h,他将返回原地;穿过第四道门后,经过 7 h,他将返回原地.假设该考古人员每次都等可能地穿过一道门,则他离开古墓所需时间的期望是多少?

7. 已知某游戏中的玩家可以通过抽卡的方式兑换武将,每次抽卡都会获得一张银卡或者金卡,且获得金卡的概率是 30%.现假设两张金卡和两张银卡可以兑换一个紫色品质武将,请尝试计算,平均来看,对每一位新玩家来说,需要抽卡几次才能获得一个紫色品质武将.

第二章 随机过程的基本概念和基本类型

1827 年,英国植物学家罗伯特·布朗(Robert Brown)通过显微镜观察发现,水中的花粉颗粒持续不断地进行着不规则的运动. 这种特殊的运动现象后来被命名为布朗运动. 随后的研究发现,不仅是花粉颗粒,所有悬浮在液体或气体中、直径小于 10^{-6} m 的微小颗粒都会表现出这种随机运动.

人们对布朗运动产生的原因一直充满好奇. 直到 1917 年,科学家达西·汤普森(D'Arcy Thompson)才给出了合理的科学解释:布朗运动的本质是由于悬浮微粒受到周围大量液体或气体分子不平衡的随机碰撞所导致的. 这种来自各个方向的不均衡撞击,使得微小颗粒表现出持续的无规则运动.

思考 布朗运动具有哪些重要特征呢?

首先,布朗粒子的运动轨迹表现出显著的无规律性,其下一时刻的位置完全随机. 这一特性表明:布朗运动本质上是一种随机现象,需要用随机数学工具进行研究. 我们此前在概率论课程中学习过,随机现象可以通过随机变量来刻画. 那么,是否可以用概率论中的随机变量来描述和研究布朗运动呢?

其次,布朗运动的物理成因是微粒受到周围大量分子的不均衡碰撞. 根据概率论的中心极限定理,若用随机变量描述这些碰撞的累积效应,那么布朗运动的位置变化应当服从正态分布.

再次,随着时间推移,粒子的活动范围逐渐扩大. 这表明布朗运动的概率分布会随时间演化,因此仅用概率论中单一的随机变量难以完整描述这一现象.

最后，布朗粒子在不同时间段的运动轨迹相互独立. 这意味着，若用一维随机变量描述布朗运动，其增量部分应当满足独立性.

之前我们学习的概率论课程主要研究的是静态的不确定现象. 如果要研究那些随时间变化的不确定现象，概率论就有些“力不从心”了，这时，我们就需要学习新的知识和方法. 于是就有了随机过程这门课程. 随机过程研究的对象就是动态的随机现象，即随时间不断变化的随机变量.

2.1　随机过程的基本概念

本章将给出随机过程的定义并简单地介绍一些具有特殊性质的随机过程.

定义 2.1(随机过程)　随机过程是概率空间上的一族随机变量，记为$\{X_t\}_{t\in T}$，其中 t 是参数，T 是参数集，一般代表时间.

随机过程实际上是定义在 $\Omega\times T\to\mathbf{R}$ 上的二元函数.

常见的参数集有两类：一类是离散的非负整数集$\{0,1,2,\cdots\}$，另一类是连续的区间$[a,b]$. 若参数集是第一类，此时随机过程$\{X_t\}_{t\in T}$也被称为随机序列，常记为$\{X_n\}_{n\geqslant 1}$，这是一种离散参数过程；若参数集是第二类，则随机过程为连续参数过程.

定义 2.2(样本路径)　对于样本空间 Ω 中固定的样本点ω_0，$X_t(\omega_0)$是定义在 T 上的一个一元函数，称之为随机过程$\{X_t\}_{t\in T}$的一条样本路径.

例 2.1(随机游走)　一个醉汉在路上行走，已知前进一步的概率为 P，退后一步的概率为 $1-P$. 若以 X_n 记录他 n 时刻在路上的位置，则$\{X_n\}_{n\geqslant 1}$被称为直线上的随机游走. 具体来说，如果将醉汉所在的初始位置记为原点0，则有如下分布律：

X_0 的分布律为

X_0	0
P	1

X_1 的分布律为

X_1	-1	1
P	$1-p$	p

X_2 的分布律为

X_2	-2	0	2
P	$(1-p)^2$	$2(1-p)p$	p^2

X_3 的分布律为

X_3	-3	-1	1	3
P	$(1-p)^3$	$3(1-p)^2p$	$3(1-p)p^2$	p^3

$X_4,X_5,\cdots$的分布律可以此类推.

定义 2.3(布朗运动) 花粉在水中永不停歇地做无规则运动,这种运动形式被称为布朗运动.

类似于随机变量具有均值、方差和协方差等数字特征,随机过程具有均值函数、方差函数和协方差函数等类似的概念.

定义 2.4(均值函数) 对于随机过程$\{X_t\}_{t\in T}$,若对于任意的 $t\in T$, $E[X_t]$均存在,则称 $\mu_X(t)=E[X_t]$为随机过程$\{X_t\}_{t\in T}$的均值函数.

定义 2.5(协方差函数) 若对于任意的 $t\in T$, $E[X_t^2]$都存在,则称 $\gamma_X(s,t)=E[(X_s-\mu_X(s))(X_t-\mu_X(t))]$为随机过程$\{X_t\}_{t\in T}$的协方差函数. 特别地,称 $\text{var}(X_t)=\gamma_X(t,t)$为随机过程$\{X_t\}_{t\in T}$的方差函数.

思考 (1)$\gamma_X(s,t)$是否等于 $\gamma_X(t,s)$?

(2)若定义自相关系数 $R_X(s,t)=E[X_sX_t]$, $\gamma_X(s,t)$是否等于 $R_X(s,t)-\mu_X(s)\mu_X(t)$?

例 2.2 设$X_t=Y+tZ$,其中 Y 和 Z 是相互独立且服从$[-1,1]$上的均匀分布的随机变量,试求$\mu_X(t)$和$\gamma_X(s,t)$.

【解】 $\mu_X(t)=E[X_t]=E[Y+tZ]=E[Y]+tE[Z]=0$,

$$\gamma_X(s,t)=E[X_sX_t]=E[(Y+sZ)(Y+tZ)]$$

$$=E[Y^2]+sE[YZ]+tE[YZ]+stE[Z^2]$$

$$=\frac{1}{3}+0+0+st\times\frac{1}{3}=\frac{1+st}{3}.$$

定义 2.6(宽平稳过程)　若随机过程$\{X_t\}_{t\in T}$的所有二阶矩都存在，如果对于任意的 $t\in T$，$E[X_t]=\mu$ 且协方差函数$\gamma_X(s,t)$只依赖于 $t-s$，则称$\{X_t\}_{t\in T}$为宽平稳过程或二阶平稳过程，以下简称为平稳过程.

若随机过程$\{X_t\}_{t\in T}$是平稳过程，则记其协方差函数为$\gamma_X(t-s)$.

☞**命题 2.1(平稳过程协方差函数的性质)**

(i)对于任意的 $t\in T$，$\gamma_X(0)=\mathrm{var}(X_t)$.

(ii)对于任意的 $t\in T$，$\gamma_X(-t)=\gamma_X(t)$.

(iii)对于任意的 $t\in T$，$|\gamma_X(t)|\leqslant\gamma_X(0)$.

(iv)对于任意的$a_k\in\mathbf{R}$ 和$t_k\in T$，有

$$\sum_{i=1}^{N}\sum_{j=1}^{N}a_i a_j\gamma_X(t_i-t_j)\geqslant 0.$$

【证明】　(i)对于任意的 $t\in T$，$\mathrm{var}(X_t)=\gamma_X(t,t)=\gamma_X(0)$.

(ii)对于任意的 $t\in T$，$\gamma_X(-t)=\gamma_X(t,0)=\gamma_X(0,t)=\gamma_X(t)$.

(iii)对于任意的 $t\in T$，

$$\gamma_X(t)=\gamma_X(0,t)=E[(X_0-\mu_X(0))(X_t-\mu_X(t))]$$

$$\leqslant E\left[(X_0-\mu_X(0))^2\right]^{\frac{1}{2}}E\left[(X_t-\mu_X(t))^2\right]^{\frac{1}{2}}$$

$$=\gamma_X^{\frac{1}{2}}(0)\cdot\gamma_X^{\frac{1}{2}}(0)=\gamma_X(0).$$

(iv) 令 $Y=\sum_{i=1}^{N}a_i(X_{t_i}-\mu_X(t_i))$，则

$$E[Y^2]=E\left[\left[\sum_{i=1}^{N}a_i(X_{t_i}-\mu_X(t_i))\right]\cdot\left[\sum_{j=1}^{N}a_j(X_{t_j}-\mu_X(t_j))\right]\right]$$

$$=\sum_{i=1}^{N}\sum_{j=1}^{N}a_ia_j\gamma_X(t_i-t_j)\geqslant 0.$$

命题 2.1 中的性质(iv) 等价于协方差函数矩阵是半正定的，具体原因如下：对于任意的$(t_1,t_2,\cdots,t_n)\subset T$，则有协方差矩阵

$$\boldsymbol{\Gamma}=\begin{pmatrix}\gamma_X(t_1-t_1) & \gamma_X(t_1-t_2) & \cdots & \gamma_X(t_1-t_n)\\ \gamma_X(t_2-t_1) & \gamma_X(t_2-t_2) & \cdots & \gamma_X(t_2-t_n)\\ \vdots & \vdots & & \vdots\\ \gamma_X(t_n-t_1) & \gamma_X(t_n-t_2) & \cdots & \gamma_X(t_n-t_n)\end{pmatrix}$$

$$=E\left[\begin{pmatrix}X_{t_1}-\mu(X_{t_1})\\ X_{t_2}-\mu(X_{t_2})\\ \vdots\\ X_{t_n}-\mu(X_{t_n})\end{pmatrix}\cdot(X_{t_1}-\mu(X_{t_1})\quad X_{t_2}-\mu(X_{t_2})\quad\cdots\quad X_{t_n}-\mu(X_{t_n}))\right].$$

对于任意的矩阵 $\boldsymbol{A}=(a_1\quad a_2\quad\cdots\quad a_n)\in\mathbf{R}^n$,有

$$\boldsymbol{A\Gamma A}^{\mathrm{T}}=(a_1\quad a_2\quad\cdots\quad a_n)E\left[\begin{pmatrix}X_{t_1}-\mu(X_{t_1})\\ X_{t_2}-\mu(X_{t_2})\\ \vdots\\ X_{t_n}-\mu(X_{t_n})\end{pmatrix}\right.$$

$$\left.\cdot(X_{t_1}-\mu(X_{t_1})\quad X_{t_2}-\mu(X_{t_2})\quad\cdots\quad X_{t_n}-\mu(X_{t_n}))\right]\begin{pmatrix}a_1\\ a_2\\ \vdots\\ a_n\end{pmatrix}$$

$$=E\left[\left[\sum_{i=1}^{N}a_i(X_{t_i}-\mu_X(t_i))\right]^2\right]\geqslant 0.$$

例 2.3 设$\{X_n\}_{n\geqslant 1}$是一列相互独立的随机变量序列,且对于任意的 n,$E[X_n]=0$,$\mathrm{var}(X_n)=\sigma^2$. 试证:$\{X_n\}_{n\geqslant 1}$是平稳序列.

【证明】 因为$\gamma_X(s,t)=E[(X_s-\mu_X(s))(X_t-\mu_X(t))]=E[X_sX_t]$,所以当 $s=t$ 时,$\gamma_X(s,t)=\sigma^2$;当 $s\neq t$ 时,$\gamma_X(s,t)=E[X_s]E[X_t]=0$.

2.2 遍历性及遍历定理

考虑下面两个随机变量序列:

(1) $\{X_n: n=0,1,2,\cdots\}$，其中$\{X_n\}_{n\geqslant 1}$为独立同分布随机变量序列，且满足$E[X_n^2]<+\infty$和$E[X_n]=m, n=0,1,2,\cdots$.

(2) $\{Y_n=Y: n=0,1,2,\cdots\}$，其中$Y$是随机变量，且满足$E[Y^2]<+\infty$.

对(1)而言，由辛钦(Khinchin)大数定律可知

$$\frac{1}{n}\sum_{i=0}^{n-1} X_i \to m, \quad \text{a.e.}$$

但在(2)中，有

$$\frac{1}{n}\sum_{i=0}^{n-1} Y_i = Y,$$

即经过对时间的平均后，随机变量序列的随机性没有任何改变.

于是自然产生下面的问题：在何种条件下，平稳过程对时间的平均值可以等于过程的均值？这一问题称为平稳过程的遍历性问题. 这是平稳过程研究中的一个重要课题.

对于平稳过程$\{X_n: n=0,1,2,\cdots\}$，重要的是确定它的均值m和它的协方差函数$\gamma(\tau)$. 由于$E(X_n)=m$，为估计m，就必须对随机过程$\{X_n: n=0,1,2,\cdots\}$做大量观察. 然而，对随机过程做多次观察一般来说很难做到. 容易做到的是做一次观察，获得一条样本路径，因此希望由这一次观察来估计m和$\gamma(\tau)$. 对于一般的随机过程这是不可能的，但是对于平稳过程，只要加上一些条件，就可以从一次观察中得到m和$\gamma(\tau)$的较好的估计，这就是遍历定理.

定义 2.7(遍历性)　已知$\{X_t\}_{t\in T}$为平稳过程，若

(i) 当$T=\mathbf{Z}$时，有

$$\overline{X}=\lim_{N\to\infty}\frac{1}{2N+1}\sum_{k=-N}^{N} X_k = m;$$

(ii) 当$T=\mathbf{R}$时，有

$$\overline{X}=\lim_{T\to\infty}\frac{1}{2T}\int_{-T}^{T} X_\tau \mathrm{d}\tau = m,$$

则称$\{X_t\}_{t\in T}$具有均值遍历性. 这里的极限是在均方意义下的极限.

若

(i) 当$T=\mathbf{Z}$时，有

$$\overline{\gamma}_X(t)=\lim_{N\to\infty}\frac{1}{2N+1}\sum_{k=-N}^{N}(X_k-m)(X_{k+t}-m)=\gamma_X(t);$$

(ii) 当 $T=\mathbf{R}$ 时,有

$$\overline{\gamma}_X(t)=\lim_{T\to\infty}\frac{1}{2T}\int_{-T}^{T}(X_\tau-m)(X_{\tau+t}-m)\mathrm{d}\tau=\gamma_X(t),$$

则称$\{X_t\}_{t\in T}$具有方差遍历性. 这里的极限也是在均方意义下的极限.

若$\{X_t\}_{t\in T}$既具有均值遍历性又具有方差遍历性,则称$\{X_t\}_{t\in T}$具有遍历性.

定理 2.1(均值遍历定理) 若$\{X_t\}_{t\in T}$是平稳过程,其均值函数为μ,协方差函数为$\gamma_X(t)$,则

(i) 当 $T=\mathbf{Z}$ 时, $\{X_t\}_{t\in T}$ 具有均值遍历性的充要条件是

$$\lim_{N\to\infty}\frac{1}{N}\sum_{k=0}^{N-1}\gamma_X(k)=0;$$

(ii) 当 $T=\mathbf{R}$ 时, $\{X_t\}_{t\in T}$ 具有均值遍历性的充要条件是

$$\lim_{T\to\infty}\frac{1}{T}\int_0^{2T}\left(1-\frac{\tau}{2T}\right)\gamma_X(\tau)\mathrm{d}\tau=0.$$

【证明】 (i) 令$\overline{X}=\lim\limits_{N\to\infty}\dfrac{1}{2N+1}\sum\limits_{k=-N}^{N}X_k$,则

$$E[\overline{X}]=E\left[\lim_{N\to\infty}\frac{1}{2N+1}\sum_{k=-N}^{N}X_k\right]=\lim_{N\to\infty}\frac{1}{2N+1}\sum_{k=-N}^{N}E[X_k]=m,$$

$$\begin{aligned}\operatorname{var}(\overline{X})&=E[(\overline{X}-m)^2]\\&=E\left[\left[\lim_{N\to\infty}\frac{1}{2N+1}\sum_{i=-N}^{N}(X_i-m)\right]\left[\lim_{N\to\infty}\frac{1}{2N+1}\sum_{j=-N}^{N}(X_j-m)\right]\right]\\&=\lim_{N\to\infty}\frac{1}{(2N+1)^2}E\left[\sum_{i=-N}^{N}\sum_{j=-N}^{N}(X_i-m)(X_j-m)\right]\\&=\lim_{N\to\infty}\frac{1}{(2N+1)^2}\sum_{i=-N}^{N}\sum_{j=-N}^{N}\gamma_X(j-i)\\&=\lim_{N\to\infty}\frac{1}{(2N+1)^2}\sum_{\tau=-2N}^{2N}(2N+1-|\tau|)\gamma_X(\tau)\\&=\lim_{N\to\infty}\frac{2}{(2N+1)^2}\sum_{\tau=0}^{2N}(2N+1-|\tau|)\gamma_X(\tau)-\lim_{N\to\infty}\frac{\gamma_X(0)}{2N+1}\end{aligned}$$

$$=\lim_{N\to\infty}\frac{2}{2N+1}\sum_{\tau=0}^{2N}\left(1-\frac{\tau}{2N+1}\right)\gamma_X(\tau)$$

$$=2\lim_{N\to\infty}\frac{1}{N}\sum_{\tau=0}^{N-1}\left(1-\frac{\tau}{N}\right)\gamma_X(\tau).$$

令$S_k=\frac{1}{N}\sum_{\tau=0}^{k}\gamma_X(\tau)$，$b_k=1-\frac{k}{N}$，则由$S_k-S_{k-1}=\frac{1}{N}\gamma_X(k)$，可得

$$\begin{aligned}\lim_{N\to\infty}\frac{1}{N}\sum_{\tau=0}^{N-1}\left(1-\frac{\tau}{N}\right)\gamma_X(\tau)&=\lim_{N\to\infty}\frac{1}{N}\sum_{k=0}^{N-1}\left(1-\frac{k}{N}\right)\gamma_X(k)\\&=S_0b_0+\sum_{k=1}^{N-1}(S_k-S_{k-1})b_k\\&=S_{N-1}b_{N-1}+\sum_{k=0}^{N-2}S_k(b_k-b_{k+1})\\&=S_{N-1}\cdot\frac{1}{N}+\frac{1}{N}\sum_{k=0}^{N-2}S_k\\&=\frac{1}{N}\sum_{k=0}^{N-1}S_k,\end{aligned}$$

于是

$$\mathrm{var}(\overline{X})=2\lim_{N\to\infty}\frac{1}{N}\sum_{k=0}^{N-1}S_k.$$

由算术平均收敛定理知，当

$$\lim_{N\to\infty}S_{N-1}=\lim_{N\to\infty}\frac{1}{N}\sum_{\tau=0}^{N-1}\gamma_X(\tau)=0$$

时，$\mathrm{var}(\overline{X})=0$.

(ii) 记$\overline{X}=\lim_{T\to\infty}\frac{1}{2T}\int_{-T}^{T}X_t\mathrm{d}t$，则

$$E[\overline{X}]=E\left[\lim_{T\to\infty}\frac{1}{2T}\int_{-T}^{T}X_t\mathrm{d}t\right]=\lim_{T\to\infty}\frac{1}{2T}\int_{-T}^{T}E[X_t]\mathrm{d}t=m,$$

$$\begin{aligned}\mathrm{var}(\overline{X})&=E[(\overline{X}-E[\overline{X}])^2]=E\left[\lim_{T\to\infty}\left(\frac{1}{2T}\int_{-T}^{T}(X_t-m)\mathrm{d}t\right)^2\right]\\&=\lim_{T\to\infty}\frac{1}{4T^2}E\left[\left(\int_{-T}^{T}(X_t-m)\mathrm{d}t\right)^2\right]\end{aligned}$$

$$=\lim_{T\to\infty}\frac{1}{4T^2}E\left[\int_{-T}^{T}(X_s-m)\mathrm{d}s\int_{-T}^{T}(X_t-m)\mathrm{d}t\right]$$

$$=\lim_{T\to\infty}\frac{1}{4T^2}\int_{-T}^{T}\int_{-T}^{T}E[(X_s-m)(X_t-m)]\mathrm{d}s\,\mathrm{d}t$$

$$=\lim_{T\to\infty}\frac{1}{4T^2}\int_{-T}^{T}\int_{-T}^{T}\gamma_X(t-s)\mathrm{d}s\,\mathrm{d}t.$$

下面对 s 和 t 做变量代换. 令 $\tau=t-s,\upsilon=t+s$,则

$$\mathrm{d}s\,\mathrm{d}t=\frac{1}{2}\mathrm{d}\tau\,\mathrm{d}\upsilon.$$

另外,由原积分区域为

$$-T\leqslant s\leqslant T,\quad -T\leqslant t\leqslant T,$$

可得 τ 和 υ 对应的积分区域 D 分别为

$$-2T-\upsilon\leqslant\tau\leqslant 2T-\upsilon,\quad -2T+\upsilon\leqslant\tau\leqslant 2T+\upsilon,$$

于是$\int_{-T}^{T}\int_{-T}^{T}\gamma_X(t-s)\mathrm{d}s\,\mathrm{d}t$ 可以写成

$$\frac{1}{2}\int_{-2T}^{2T}\int_{-(2T-|\tau|)}^{2T-|\tau|}\gamma_X(\tau)\mathrm{d}\upsilon\,\mathrm{d}\tau.$$

于是

$$\mathrm{var}(\overline{X})=\lim_{T\to\infty}\frac{1}{4T^2}\int_{-T}^{T}\int_{-T}^{T}\gamma_X(t-s)\mathrm{d}s\,\mathrm{d}t$$

$$=\lim_{T\to\infty}\frac{1}{8T^2}\int_{-2T}^{2T}\int_{-(2T-|\tau|)}^{2T-|\tau|}\gamma_X(\tau)\mathrm{d}\upsilon\,\mathrm{d}\tau$$

$$=\lim_{T\to\infty}\frac{1}{4T^2}\int_{-2T}^{2T}\gamma_X(\tau)(2T-|\tau|)\mathrm{d}\tau$$

$$=\lim_{T\to\infty}\frac{1}{2T^2}\int_{0}^{2T}\gamma_X(\tau)(2T-|\tau|)\mathrm{d}\tau$$

$$=\lim_{T\to\infty}\frac{1}{T}\int_{0}^{2T}\gamma_X(\tau)\left(1-\frac{\tau}{2T}\right)\mathrm{d}\tau.$$

由于$\{X_t\}_{t\in T}$具有均值遍历性的充要条件是 $\mathrm{var}(\overline{X})=0$,所以定理得证.

推论 2.1 对于平稳序列$\{X_n\}_{n\geqslant 1}$而言,若 $n\to\infty$时,有$\gamma_X(n)\to 0$,则均值遍历定理成立.

【证明】　由算术平均收敛定理,得

$$\lim_{N\to\infty}\frac{1}{N}\sum_{n=0}^{N-1}\gamma_X(n)=\lim_{N\to\infty}\gamma_X(N-1)=0.$$

例 2.4　若$X_t=a\cos(\omega t+X)$,其中 $a,\omega\in\mathbf{R}$ 且 $\omega\neq0$,X 是一个随机变量且服从$[0,2\pi]$上的均匀分布. 试证:$\{X_t\}_{t\in\mathbf{R}}$的均值具有遍历性.

【证明】　因为均值函数为

$$\mu_X(t)=E[X_t]=\frac{1}{2\pi}\int_0^{2\pi}a\cos(\omega t+x)\mathrm{d}x=0,$$

协方差函数为

$$\begin{aligned}\gamma_X(\tau,\tau+t)&=E[X_\tau X_{\tau+t}]=E[a^2\cos(\omega\tau+X)\cos(\omega(\tau+t)+X)]\\&=\frac{a^2}{2\pi}\int_0^{2\pi}[\cos(\omega\tau+x)\cos(\omega(\tau+t)+x)]\mathrm{d}x\\&=\frac{a^2}{4\pi}\int_0^{2\pi}[\cos\omega t+\cos(\omega(2\tau+t)+2x)]\mathrm{d}x\\&=\frac{a^2}{2}\cos\omega t,\end{aligned}$$

由于协方差函数$\gamma_X(\tau,\tau+t)$只与 t 有关,所以$\{X_t\}_{t\in\mathbf{R}}$是平稳过程.

因为

$$\begin{aligned}\frac{1}{T}\int_0^{2T}\left(1-\frac{t}{2T}\right)\gamma_X(t)\mathrm{d}t&=\frac{a^2}{2T}\int_0^{2T}\left(1-\frac{t}{2T}\right)\cos\omega t\,\mathrm{d}t\\&=\frac{a^2}{2T}\cdot\frac{\sin2\omega T}{\omega}-\frac{a^2}{4T^2}\int_0^{2T}t\cos\omega t\,\mathrm{d}t\\&=\frac{a^2}{4\omega^2T^2}(1-\cos2\omega T),\end{aligned}$$

所以

$$\lim_{T\to\infty}\frac{1}{T}\int_0^{2T}\left(1-\frac{t}{2T}\right)\gamma_X(t)\mathrm{d}t=0.$$

由均值遍历定理知,$\{X_t\}_{t\in\mathbf{R}}$的均值具有遍历性.

定理 2.2(协方差函数遍历定理)　设$\{X_t\}_{t\in T}$是平稳过程,其均值函数为 0,则协方差函数具有遍历性的充要条件是

$$\lim_{T\to\infty}\frac{1}{T}\int_0^{2T}\left(1-\frac{\tau_1}{2T}\right)(B(\tau_1)-\gamma^2(\tau))\mathrm{d}\tau_1=0,$$

其中 $B(\tau_1)=E[X(t+\tau+\tau_1)X(t+\tau_1)X(t+\tau)X(t)]$.

证明略.

下面介绍一种常见的随机过程——平稳独立增量过程.

定义 2.8(平稳独立增量过程) (i)已知$\{X_t\}_{t\in T}$是随机过程,若对任意的$t_1,t_2,\cdots,t_n\in T$ 且$t_1<t_2<\cdots<t_n$,随机变量$X_{t_2}-X_{t_1},X_{t_3}-X_{t_2},\cdots,X_{t_n}-X_{t_{n-1}}$是相互独立的,则称$\{X_t\}_{t\in T}$为独立增量过程.

(ii)若对任意的$t_1,t_2\in T$, $X_{t_1+h}-X_{t_1}$ 和 $X_{t_2+h}-X_{t_2}$ 同分布,则称$\{X_t\}_{t\in T}$为平稳增量过程.

(iii)既是独立增量过程又是平稳增量过程的随机过程被称为平稳独立增量过程.

习题二

1. 若随机过程 $X_t=X$,其中 X 是一个随机变量,$E[X]=\mu$,$\mathrm{var}(X)=\sigma^2$. 试判断$\{X_t\}_{t\geqslant 0}$是不是平稳过程.

2. 若例 2.4 中的 X 服从的是$[0,\pi]$上的均匀分布,则随机过程$\{X_t\}_{t\in \mathbf{R}}$的均值是否还具有遍历性?如果具有遍历性,请给出证明过程;如果不具有遍历性,请说明理由.

3. 已知$Z_t=X\sin t+Y\cos t$,其中 X 与 Y 是独立同分布的随机变量,且 X 的分布律为

X	-1	2
P	$\frac{2}{3}$	$\frac{1}{3}$

则$\{Z_t\}_{t\geqslant 0}$是否具有遍历性?

4. 平稳独立增量过程是不是平稳过程?如果是,请给出证明过程;如果不是,请说明原因.

第三章　马尔可夫链

马尔可夫链以俄罗斯数学家安德雷·马尔可夫(Andrey Markov)的姓氏命名.它是描述一系列可能事件的随机模型,其中每个事件的概率仅取决于在前一事件中获得的状态. 简单来说,可以认为“接下来发生的事情只取决于现在的情况”. 作为统计模型,马尔可夫链有许多应用,如研究机动车辆中的巡航控制系统、到达机场的乘客排队情况、货币汇率的变化和动物种群的动态变化等. 本章主要介绍与马尔可夫链相关的内容,如转移概率,状态之间的关系、常返性和周期性,以及不变分布和极限分布.

3.1　马尔可夫链及转移概率

如果$X_1,X_2,\cdots,X_n,\cdots$相互独立,且

(i)对任意的 n,X_n只有 0 和 1 两种取值;

(ii)对所有的 n,X_n取值为 1 的概率都是 p.

令$Y_n=\sum\limits_{i=1}^{n} X_i$,考虑随机序列$\{Y_n\}_{n\geqslant 1}$. 要确定其在$(n+1)$时刻的状态,只需要知道它在 n 时刻的情况就足够了,并不需要知道它在 n 时刻之前的情况. 具有这类性质的随机过程称为马尔可夫过程. 本章将介绍一种简单的马尔可夫过程——马尔可夫链.

定义 3.1(马尔可夫链)　若随机过程$\{X_n:n=0,1,2,\cdots\}$的取值(状态)是有限个或可列个,记为 $S=\{0,1,2,\cdots\}$(状态空间),且对任意的 $n\geqslant 0$ 及

状态$i_0,i_1,\cdots,i_{n-1},i_n,i_{n+1}$,有

$$P(X_{n+1}=i_{n+1}\mid X_0=i_0,\cdots,X_{n-1}=i_{n-1},X_n=i_n)$$
$$=P(X_{n+1}=i_{n+1}\mid X_n=i_n),$$

则称该随机过程为马尔可夫链.

上式刻画了马尔可夫链的特性,称为马尔可夫性.当马尔可夫链的状态是有限个时,称它为有限链,否则称它为无限链.

由定义3.1知

$$\begin{aligned}
&P(X_0=i_0,\cdots,X_n=i_n)\\
&=P(X_n=i_n\mid X_0=i_0,\cdots,X_{n-1}=i_{n-1})P(X_0=i_0,\cdots,X_{n-1}=i_{n-1})\\
&=P(X_n=i_n\mid X_{n-1}=i_{n-1})P(X_0=i_0,\cdots,X_{n-1}=i_{n-1})\\
&=P(X_n=i_n\mid X_{n-1}=i_{n-1})P(X_{n-1}=i_{n-1}\mid X_0=i_0,\cdots,X_{n-2}=i_{n-2})\\
&\quad\cdot P(X_0=i_0,\cdots,X_{n-2}=i_{n-2})\\
&=P(X_n=i_n\mid X_{n-1}=i_{n-1})P(X_{n-1}=i_{n-1}\mid X_{n-2}=i_{n-2})\\
&\quad\cdot P(X_0=i_0,\cdots,X_{n-2}=i_{n-2})\\
&=P(X_n=i_n\mid X_{n-1}=i_{n-1})\cdots P(X_1=i_1\mid X_0=i_0)P(X_0=i_0).
\end{aligned}$$

由此可见,一旦马尔可夫链的初始分布$P(X_0=i_0)$确定,那么其整体的分布完全由条件概率

$$P(X_n=i_n\mid X_{n-1}=i_{n-1})$$

决定,因此,对条件概率$P(X_n=i_n\mid X_{n-1}=i_{n-1})$的研究是马尔可夫链研究中的重要问题.

定义3.2(转移概率) $P(X_{n+1}=j\mid X_n=i)$称为马尔可夫链$\{X_n:n=0,1,2,\cdots\}$的一步转移概率,简称转移概率.

注 一般情况下,转移概率与状态i,j和时刻n有关.

定义3.3(时齐马尔可夫链) 当马尔可夫链的转移概率$P(X_{n+1}=j\mid X_n=i)$只与状态i,j有关,而与时刻n无关时,称马尔可夫链是时齐的.对于时齐马尔可夫链,记

$$p_{ij}=P(X_{n+1}=j\mid X_n=i).$$

本书只讨论时齐马尔可夫链.可以将转移概率p_{ij}写成矩阵的形式,即

$$P=\{p_{ij}\}=\begin{pmatrix} p_{00} & p_{01} & p_{02} & \cdots \\ p_{10} & p_{11} & p_{12} & \cdots \\ \vdots & \vdots & \vdots & \vdots \end{pmatrix}.$$

$\boldsymbol{P}$ 称为转移概率矩阵,简称转移矩阵. p_{ij} 具有以下性质:

(i)对于任意的 $i,j\in S,p_{ij}\geqslant 0$;

(ii)对于任意的 $i\in S,\sum_{j\in S}p_{ij}=1$.

定义 3.4(随机矩阵) 若一个矩阵具有上面两条性质,则称此矩阵为随机矩阵.

下面给出一些例子.

例 3.1 假设有一个证券市场模型,该模型中包含四类股票:一类是正常交易的股票,记为 0;一类是被特别处理(ST)的股票,记为 1;还有两类是处于退市状态(不同原因引起的退市)的股票,分别记为 2 和 3,则可将这个模型看成一个马尔可夫链,其转移矩阵为

$$P=\begin{pmatrix} p_{00} & p_{01} & p_{02} & p_{03} \\ p_{10} & p_{11} & p_{12} & p_{13} \\ 0 & 0 & 1 & 0 \\ 0 & 0 & 0 & 1 \end{pmatrix}.$$

例 3.2 已知在赌场中,一个赌徒在赌博期间可能拥有的钱数为 0,1,2,$\cdots$,n,当他输光所有的钱或者赢得的钱数达到 n 时,赌博停止,否则赌博将一直持续下去. 设该赌徒每次以概率 p 赢 1,以概率 $q=1-p$ 输 1,则该赌博模型的转移矩阵为

$$P=\begin{pmatrix} 1 & 0 & 0 & \cdots & 0 & 0 & 0 \\ q & 0 & p & \cdots & 0 & 0 & 0 \\ \vdots & \vdots & \vdots & & \vdots & \vdots & \vdots \\ 0 & 0 & 0 & \cdots & q & 0 & p \\ 0 & 0 & 0 & \cdots & 0 & 0 & 1 \end{pmatrix}.$$

例 3.3 设一昆虫沿如图 3.1 所示的不规则的花架爬行,当两个结点相

邻时,该昆虫将爬向与它邻近的一点,且爬向任何一个邻近结点的概率是相同的,则此马尔可夫链的转移矩阵为

$$\boldsymbol{P}=\begin{pmatrix} 0 & 1/2 & 1/2 & 0 & 0 & 0 \\ 1/2 & 0 & 1/2 & 0 & 0 & 0 \\ 1/4 & 1/4 & 0 & 1/4 & 1/4 & 0 \\ 0 & 0 & 1 & 0 & 0 & 0 \\ 0 & 0 & 1/2 & 0 & 0 & 1/2 \\ 0 & 0 & 0 & 0 & 1 & 0 \end{pmatrix}.$$

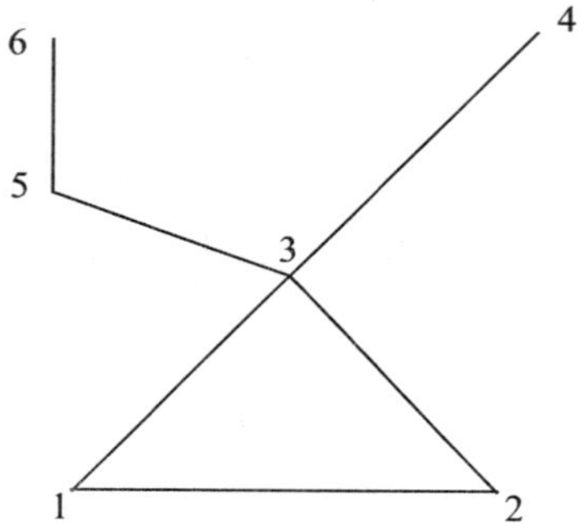

图 3.1 昆虫爬行路径

定义 3.5 称条件概率

$$P_{ij}^{(n)}=P\{X_{m+n}=j \mid X_m=i\}, \quad i,j\in S, \quad m\geqslant 0, \quad n\geqslant 1$$

为马尔可夫链的 n 步转移概率.相应地,称$\boldsymbol{P}^n=(p_{ij}^{(n)})$为 n 步转移概率矩阵.

此外,规定

$$p_{ij}^{(0)}=\begin{cases} 0, & i\neq j, \\ 1, & i=j. \end{cases}$$

n 步转移概率$p_{ij}^{(n)}$就是系统从状态 i 经过 n 步以后转移到状态 j 的概率. 下面的定理将给出 n 步转移概率$p_{ij}^{(n)}$和一步转移概率p_{ij}的关系.

定理 3.1[查普曼-柯尔莫哥洛夫(Chapman-Kolmogorov)方程,简称C-K方程] 对一切 $n,m\geqslant 0$ 和 $i,j\in S$,有:

(i) $p_{ij}^{(m+n)}=\sum_{k\in S}p_{ik}^{(m)}p_{kj}^{(n)}$；

(ii) $\boldsymbol{P}^{(n)}=\boldsymbol{P}\cdot\boldsymbol{P}^{(n-1)}=\boldsymbol{P}^{n}$.

实际上,(i)和(ii)是等价的,(ii)是(i)的矩阵形式.

【证明】 (i)的证明过程如下:

$$
\begin{aligned}
p_{ij}^{(m+n)}&=P(X_{m+n}=j\mid X_0=i)=\frac{P(X_{m+n}=j,X_0=i)}{P(X_0=i)}\\
&=\sum_{k\in S}\frac{P(X_{m+n}=j,X_m=k,X_0=i)}{P(X_0=i)}\\
&=\sum_{k\in S}\frac{P(X_{m+n}=j,X_m=k,X_0=i)}{P(X_m=k,X_0=i)}\cdot\frac{P(X_m=k,X_0=i)}{P(X_0=i)}\\
&=\sum_{k\in S}P(X_{m+n}=j\mid X_m=k,X_0=i)\cdot P(X_m=k\mid X_0=i)\\
&=\sum_{k\in S}p_{kj}^{(n)}\cdot p_{ik}^{(m)}.
\end{aligned}
$$

例 3.4 在例 3.2 的模型中,若 $n=3$, $p=q=\dfrac{1}{2}$,则此时转移概率矩阵为

$$
\boldsymbol{P}=\begin{pmatrix}1&0&0&0\\1/2&0&1/2&0\\0&1/2&0&1/2\\0&0&0&1\end{pmatrix}.
$$

若某赌徒的初始财富为 2,试求经过 4 次赌博之后该赌徒输光的概率.

【解】 4 次赌博之后输光的概率为 $p_{20}^{(4)}=P(X_4=0\mid X_0=2)$. 由转移概率矩阵 $\boldsymbol{P}$,可得二步转移概率矩阵 $\boldsymbol{P}^{(2)}$ 为

$$
\boldsymbol{P}^{(2)}=\boldsymbol{P}^{2}=\begin{pmatrix}1&0&0&0\\1/2&1/4&0&1/4\\1/4&0&1/4&1/2\\0&0&0&1\end{pmatrix},
$$

四步转移概率矩阵 $\boldsymbol{P}^{(4)}$ 为

$$P^{(4)}=P^4=(P^2)^2=\begin{pmatrix}1&0&0&0\\5/8&1/16&0&5/16\\5/16&0&1/16&5/8\\0&0&0&1\end{pmatrix},$$

所以

$$p_{20}^{(4)}=\frac{5}{16}.$$

3.2 状态之间的关系、常返性和周期性

定义 3.6 若存在 $n\geqslant 0$ 使得 $p_{ij}^{(n)}>0$,则称状态 i 可达 j,记为 $i\to j$. 若同时有 $j\to i$,则称 i 与 j 互通,记为 $i\leftrightarrow j$.

定理 3.2 互通是一种等价关系,即满足下面三条性质:

(i)自返性:$i\leftrightarrow i$;

(ii)对称性:若 $i\leftrightarrow j$,则 $j\leftrightarrow i$;

(iii)传递性:若 $i\leftrightarrow j$ 且 $j\leftrightarrow k$,则 $i\leftrightarrow k$.

【证明】 (i)因为 $p_{ii}^{(0)}=1$,所以 $i\leftrightarrow i$.

(ii)显然成立.

(iii)因为 $i\leftrightarrow j$,$j\leftrightarrow k$,所以存在 m,n 使得 $p_{ij}^{(m)}>0$,$p_{jk}^{(n)}>0$. 由 C-K 方程知

$$p_{ik}^{(m+n)}=\sum_{l\in S}p_{il}^{(m)}p_{lk}^{(n)}\geqslant p_{ij}^{(m)}p_{jk}^{(n)}>0,$$

所以 $i\to k$. 反之,同样可以证明 $k\to i$.

若把互通的状态归为一类,由定理 2.3 可知,任何一个状态不可能同时属于两个不同的类.

如果考虑例 3.1,则在这个股票模型中,0,1,2,3 四个状态可以分为{0,1},2 和 3 三类.

如果考虑例 3.2,则 0,1,…,$n-1$,n 这($n+1$)个状态可以分为{0},{1,…,$n-1$}和{n}三类.

定义 3.7　若马尔可夫链只存在一个类，则称它是不可约的，否则称它是可约的.

例 3.5　若马尔可夫链状态空间 $S=\{0,1,2,3,4\}$，其转移概率矩阵为

$$\boldsymbol{P}=\begin{pmatrix} 0.5 & 0.5 & 0 & 0 & 0 \\ 0.5 & 0.5 & 0 & 0 & 0 \\ 0 & 0 & 0 & 1 & 0 \\ 0 & 0 & 0.5 & 0 & 0.5 \\ 0 & 0 & 0 & 1 & 0 \end{pmatrix},$$

则 5 个状态一共分为两类. 其中 0 和 1 两个状态是互通的，2，3，4 三个状态是互通的.

定义 3.8(周期性)　若集合 $N=\{n:n\geqslant1,p_{ii}^{(n)}>0\}$非空，则称其最大公约数 $d(i)$（简记为 d）为状态 i 的周期.

(i)若 $d=1$，则称 i 是非周期的；

(ii)若 $d>1$，则称 i 是周期的；

(iii)若 N 是空集，则称 i 的周期为无穷大.

思考　若已知状态 i 的周期是 3，则 6 是否一定属于集合 $N=\{n:n\geqslant1,p_{ii}^{(n)}>0\}$？

注　即使状态 i 有周期，且周期为 d，也不意味着对所有的 n，$p_{ii}^{(nd)}>0$.

例 3.6　考察图 3.2 展示的马尔可夫链，容易发现$\{n:n\geqslant1,p_{11}^{(n)}>0\}=\{4,6,8,10,\cdots\}$，它的最大公约数是 2. 虽然从状态 1 出发，经过两步并不能回到状态 1，但是仍称 2 是状态 1 的周期.

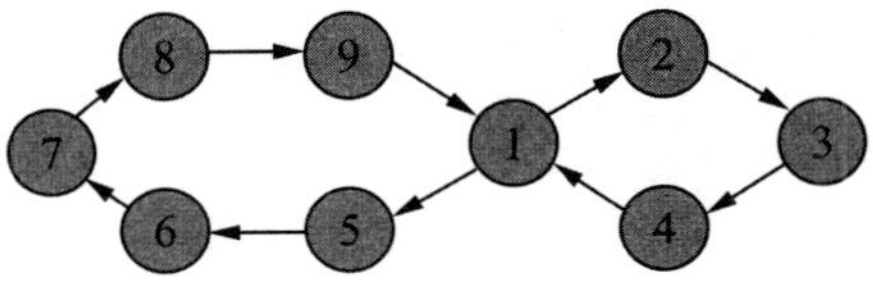

图 3.2　例 3.6 图示

下面的定理表明,周期是一个类性质.

定理 3.3 若状态 i 与状态 j 属于同一类,则 $d(i)=d(j)$.

【证明】 因为 i 与 j 属于同一类,所以存在 m 和 n 使得 $p_{ij}^{(m)}>0,p_{ji}^{(n)}>0$. 由 C-K 方程知

$$p_{ii}^{(m+n)}=\sum_{k\in S}p_{ik}^{(m)}p_{ki}^{(n)}\geqslant p_{ij}^{(m)}p_{ji}^{(n)}>0.$$

对于任意的 $s\in\{n:n\geqslant 1,p_{jj}^{(n)}>0\}$,有

$$p_{ii}^{(m+s+n)}\geqslant p_{ij}^{(m)}p_{jj}^{(s)}p_{ji}^{(n)}>0.$$

于是,$d(i)$应同时整除 $m+n$ 和 $m+s+n$,因此 $d(i)$必然整除 s. 又因为 $d(j)$是状态 j 的周期,即 $d(j)$是$\{n:n\geqslant 1,p_{jj}^{(n)}>0\}$的最大公约数,且 $d(i)$可以整除所有的 $s\in\{n:n\geqslant 1,p_{jj}^{(n)}>0\}$,所以 $d(i)$可以整除 $d(j)$.

同理也可以证明 $d(j)$能够整除 $d(i)$,所以 $d(i)=d(j)$.

定义 3.9(常返性) 对于任何状态 i 和 j,若以 $f_{ij}^{(n)}$ 表示从状态 i 出发,经过 n 步后首次到达状态 j 的概率,则有

(i) $f_{ij}^{(0)}=0$;

(ii) $f_{ij}^{(n)}=P(X_n=j,X_k\neq j,k=1,\cdots,n-1\mid X_0=i),n\geqslant 1$.

令 $f_{ij}=\sum_{n=1}^{\infty}f_{ij}^{(n)}$,若 $f_{ii}=1$,则称状态 i 为常返状态;若 $f_{ii}<1$,则称状态 i 为非常返状态或瞬过状态.

对于常返状态 i,定义

$$\mu_i=\sum_{n=1}^{\infty}nf_{ii}^{(n)},$$

μ_i 表示由 i 出发再返回 i 所需的平均步数.

定义 3.10 (i)对于常返状态 i,若 $\mu_i<+\infty$,则称 i 为正常返状态;

(ii)若 $\mu_i=+\infty$,则称 i 为零常返状态;

(iii)若 i 是正常返状态且是非周期的,则称之为遍历状态;

(iv)若 i 是遍历状态且 $f^{(1)}=1$,则称 i 为吸收状态,此时 $\mu_i=1$.

引理 3.1 对于任意的状态 i,j 及 $1\leqslant n<+\infty$,有

$$p_{ij}^{(n)}=\sum_{l=1}^{n}f_{ij}^{(l)}p_{jj}^{(n-l)}.$$

【证明】　当 $n=1$ 时，$p_{ij}^{(1)}=f_{ij}^{(1)}$ 显然成立. 假设结论对 $n-1$ 成立，即假设已知

$$p_{ij}^{(n-1)}=\sum_{l=1}^{n-1} f_{ij}^{(l)} p_{jj}^{(n-1-l)},$$

则由 C-K 方程知

$$\begin{aligned}
p_{ij}^{(n)} &= \sum_{k\in S} p_{ik}p_{kj}^{(n-1)} = p_{ij}p_{jj}^{(n-1)} + \sum_{k\neq j,k\in S} p_{ik}p_{kj}^{(n-1)} \\
&= f_{ij}^{(1)}p_{jj}^{(n-1)} + \sum_{k\neq j,k\in S} f_{ik}^{(1)}\left[\sum_{l=1}^{n-1} f_{kj}^{(l)}p_{jj}^{(n-1-l)}\right] \\
&= f_{ij}^{(1)}p_{jj}^{(n-1)} + \sum_{k\neq j,k\in S} f_{ik}^{(1)}\left[\sum_{l=1}^{n-1} f_{kj}^{(l)}p_{jj}^{(n-1-l)}\right] \\
&= f_{ij}^{(1)}p_{jj}^{(n-1)} + \sum_{l=1}^{n-1}\left[\sum_{k\neq j,k\in S} f_{ik}^{(1)}f_{kj}^{(l)}p_{jj}^{(n-1-l)}\right] \\
&= f_{ij}^{(1)}p_{jj}^{(n-1)} + \sum_{l=1}^{n-1} f_{ij}^{(l+1)}p_{jj}^{(n-1-l)} \\
&= f_{ij}^{(1)}p_{jj}^{(n-1)} + \sum_{l=2}^{n} f_{ij}^{(l)}p_{jj}^{(n-l)} \\
&= \sum_{l=1}^{n} f_{ij}^{(l)}p_{jj}^{(n-l)}.
\end{aligned}$$

定理 3.4　(i)状态 i 为常返状态的充要条件是

$$\sum_{n=0}^{\infty} p_{ii}^{(n)}=+\infty;$$

(ii)当状态 i 为非常返状态时，有

$$\sum_{n=0}^{\infty} p_{ii}^{(n)}=\frac{1}{1-f_{ii}}.$$

【证明】　由引理 3.1，可得

$$\sum_{n=0}^{\infty} p_{ii}^{(n)}=p_{ii}^{(0)}+\sum_{n=1}^{\infty}\left[\sum_{l=1}^{n} f_{ii}^{(l)}\,p_{ii}^{(n-l)}\right].$$

因为 $p_{ii}^{(0)}=1$ 且

$$\sum_{n=1}^{\infty}\left[\sum_{l=1}^{n} f_{ii}^{(l)}\,p_{ii}^{(n-l)}\right]=f_{ii}^{(1)}+f_{ii}^{(1)}p_{ii}^{(1)}+f_{ii}^{(2)}p_{ii}^{(0)}+f_{ii}^{(1)}p_{ii}^{(2)}+f_{ii}^{(2)}p_{ii}^{(1)}+f_{ii}^{(3)}p_{ii}^{(0)}+\cdots,$$

所以

$$\sum_{n=0}^{\infty} p_{ii}^{(n)}=1+\sum_{l=1}^{\infty}\left[\sum_{n=l}^{\infty}f_{ii}^{(l)}\,p_{ii}^{(n-l)}\right]=1+\sum_{l=1}^{\infty}f_{ii}^{(l)}\left[\sum_{m=0}^{\infty}p_{ii}^{(m)}\right].$$

因此

$$\sum_{n=0}^{\infty}p_{ii}^{(n)}=\frac{1}{1-f_{ii}},$$

从而

$$\sum_{n=0}^{\infty}p_{ii}^{(n)}\text{ 收敛}\Leftrightarrow f_{ii}<1,\quad \sum_{n=0}^{\infty}p_{ii}^{(n)}=+\infty\Leftrightarrow f_{ii}=1.$$

引理 3.2 若 $i\leftrightarrow j$，且 i 为常返状态，则 $f_{ji}=1$.

定理 3.5 常返性是一个类性质，即若 $i\leftrightarrow j$，则 i 和 j 同为常返状态或者同为非常返状态.

【证明】 由 $i\leftrightarrow j$，存在 n,m 使得 $p_{ij}^{(n)}>0$，$p_{ji}^{(m)}>0$. 由 C-K 方程，可得

$$p_{ii}^{(n+l+m)}\geqslant p_{ij}^{(n)}p_{jj}^{(l)}p_{ji}^{(m)},$$

$$p_{jj}^{(n+l+m)}\geqslant p_{ji}^{(m)}p_{ii}^{(l)}p_{ij}^{(n)},$$

所以

$$\sum_{l=0}^{\infty}p_{ii}^{(n+l+m)}\geqslant p_{ij}^{(n)}p_{ji}^{(m)}\sum_{l=0}^{\infty}p_{jj}^{(l)},$$

$$\sum_{l=0}^{\infty}p_{jj}^{(n+l+m)}\geqslant p_{ij}^{(n)}p_{ji}^{(m)}\sum_{l=0}^{\infty}p_{ii}^{(l)},$$

因此

$$\sum_{l=0}^{\infty}p_{ii}^{(l)}\geqslant\sum_{l=0}^{\infty}p_{ii}^{(n+l+m)}\geqslant p_{ij}^{(n)}p_{ji}^{(m)}\sum_{l=0}^{\infty}p_{jj}^{(l)},$$

$$\sum_{l=0}^{\infty}p_{jj}^{(l)}\geqslant\sum_{l=0}^{\infty}p_{jj}^{(n+l+m)}\geqslant p_{ij}^{(n)}p_{ji}^{(m)}\sum_{l=0}^{\infty}p_{ii}^{(l)}.$$

由定理 3.4，i 和 j 同为常返状态或非常返状态.

定理 3.6 任意马尔可夫链的状态空间 S，可唯一地分解为有限个或者可列无限多个互不相交的状态子集 $D,C_1,C_2,\cdots$之和，且满足

(i) D 是由全体非常返状态组成的状态子集；

(ii) 每一个状态子集 C_n 都是由常返状态组成的不可约闭集，C_n 中的状

态同类，要么全部是正常返状态，要么全部是零常返状态。由C_n中的状态出发不能到达D中的状态.

定理 3.7　对于周期为d的不可约马尔可夫链，其状态空间S可唯一地分解为d个互不相交的子集$S_0,S_1,\cdots,S_{d-1}$之和，即当$r\neq t$时，有

$$S=\bigcup_{r=0}^{d-1}S_r,\quad S_r\cap S_t=\varnothing,$$

且自S_r中的任意状态出发，经一步转移必进入S_{r+1}中.

【证明】　任取状态i，对每一个$r=0,1,\cdots,d-1$，定义集合

$$S_r:=\{j:对某一个\ n\geqslant 0,p_{ij}^{(nd+r)}>0\}.$$

显然

$$\bigcup_{r=0}^{d-1}S_r\subset S.$$

另外，若$j\in S_r\cap S_t$，则存在n,m，使得

$$p_{ij}^{(nd+r)}>0,\quad p_{ij}^{(md+t)}>0.$$

因为$i\leftrightarrow j$，存在h使得$p_{ji}^{(h)}>0$，于是

$$p_{ii}^{(nd+r+h)}\geqslant p_{ij}^{(nd+r)}p_{ji}^{(h)}>0,$$

$$p_{ii}^{(nd+t+h)}\geqslant p_{ij}^{(nd+t)}p_{ji}^{(h)}>0,$$

所以$r+h$和$t+h$都是d的倍数，因此$r-t$也是d的倍数. 因为$0\leqslant r,t\leqslant d-1$，所以$r=t$，即$S_r=S_t$. 这说明，当$r\neq t$时，$S_r\cap S_t=\varnothing$.

接下来，继续证明对于任意的$j\in S_r$，有

$$\sum_{k\in S_{r+1}}p_{jk}=1.$$

当$j\in S_r$时，则$p_{ij}^{(nd+r)}>0$，当$k\notin S_{r+1}$时，由 C-K 方程，有

$$0=p_{ik}^{(nd+r+1)}\geqslant p_{ij}^{(nd+r)}p_{jk}\geqslant 0,$$

从而$p_{jk}=0$，于是

$$1=\sum_{k\in S}p_{jk}=\sum_{k\in S_{r+1}}p_{jk}+\sum_{k\notin S_{r+1}}p_{jk}=\sum_{k\in S_{r+1}}p_{jk},$$

唯一性证明略.

例 3.7　若马尔可夫链状态空间$S=\{0,1,2,3\}$，其转移概率矩阵为

$$\begin{pmatrix} 0.5 & 0.5 & 0 & 0 \\ 0.5 & 0.5 & 0 & 0 \\ 0.25 & 0.25 & 0.25 & 0.25 \\ 0 & 0 & 0 & 1 \end{pmatrix}.$$

(1)请对该马尔可夫链的状态进行分类;

(2)请对该马尔可夫链的状态空间进行分解.

【解】 (1)因为 0 和 1 两个状态是互通的,且都不能到达另外两个状态,所以它们构成一类,记$C_1=\{0,1\}$;因为$p_{33}=1$,而$p_{30}=p_{31}=p_{32}=0$,所以状态 3 构成一类,记$C_2=\{3\}$;因为 2 可达C_1,C_2中的状态,但C_1,C_2中的状态不可能到达 2,所以 2 为非常返状态,记 $D=\{2\}$.

(2)该马尔可夫链的状态空间可分解为 $S=D\cup C_1\cup C_2$.

例 3.8 设马尔可夫链的状态空间 $S=\{0,1,2,\cdots\}$,转移概率为$p_{00}=\frac{1}{2},p_{i(i+1)}=\frac{1}{2},p_{i0}=\frac{1}{2},i\in S$,试判断该马尔可夫链的状态是否为遍历状态.

【解】 首先由转移概率可得$f_{00}^{(1)}=\frac{1}{2},f_{00}^{(2)}=\frac{1}{2}\times\frac{1}{2},\cdots,f_{00}^{(n)}=\frac{1}{2^n}$,所以

$$f_{00}=\sum_{n=1}^{\infty}\frac{1}{2^n}=1,\quad \mu_0=\sum_{n=1}^{\infty}\frac{n}{2^n}=2<+\infty.$$

所以状态 0 是正常返状态,因为它是非周期的,所以 0 是遍历状态. 对于其他状态 $i>0$,由于 $i\leftrightarrow 0$,所以其他状态 i 也是遍历状态.

定理 3.8 若状态 j 是周期为 d 的常返状态,则

$$\lim_{n\to\infty}p_{ii}^{(nd)}=\frac{d}{\mu_j}.$$

特别地,当$\mu_j=+\infty$时,$\frac{d}{\mu_j}=0$.

证明略.

☞**命题** 3.1 若 i 为常返状态,则 i 为零常返状态的条件是当且仅当

$$\lim_{n\to\infty}p_{ii}^{(n)}=0.$$

【证明】 若 i 为零常返状态,则$\mu_i=+\infty$,由定理 3.8 可知

$$\lim_{n\to\infty} p_{ii}^{(nd)}=0.$$

另外,若 m 不是周期 d 的整数倍,则 $p_{ii}^{(m)}=0$,从而

$$\lim_{n\to\infty} p_{ii}^{(n)}=0.$$

反之,若

$$\lim_{n\to\infty} p_{ii}^{(n)}=0,$$

如果 i 为正常返状态,则 $\mu_i<+\infty$,由定理 3.8 可知

$$\lim_{n\to\infty} p_{ii}^{(nd)}>0.$$

矛盾.

定理 3.9　若 j 为非常返状态或零常返状态,则对于任意的 $i\in S$,有

$$\lim_{n\to\infty} p_{ij}^{(n)}=0.$$

【证明】　由引理 3.1,得

$$p_{ij}^{(n)}=\sum_{l=1}^{n} f_{ij}^{(l)} p_{jj}^{(n-l)}.$$

对于任意固定的 $N<n$,有

$$\sum_{l=1}^{n} f_{ij}^{(l)} p_{jj}^{(n-l)} \leqslant \sum_{l=1}^{N} f_{ij}^{(l)} p_{jj}^{(n-l)}+\sum_{l=N+1}^{n} f_{ij}^{(l)}.$$

令 $n\to+\infty$,由于 $p_{jj}^{(n)}\to 0$,所以

$$\sum_{l=1}^{N} f_{ij}^{(l)} p_{jj}^{(n-l)}\to 0.$$

再令 $N\to+\infty$,由于

$$\sum_{l=1}^{\infty} f_{ij}^{(l)}\leqslant 1,$$

所以

$$\sum_{l=N+1}^{n} f_{ij}^{(l)}\to 0,$$

所以

$$\lim_{n\to\infty} p_{ij}^{(n)}=0.$$

其实还可以证明:若 $i\leftrightarrow j$ 且均为常返状态,则它们同为正常返状态或零常返状态.

【证明】　若 i 为零常返状态,则 $p_{ii}^{(n)}\to 0$. 由 C-K 方程知

$$p_{ii}^{(n+m+l)} \geqslant p_{ij}^{(n)} p_{jj}^{(m)} p_{ji}^{(l)} \geqslant 0.$$

令 $m \to \infty$,得

$$0 \geqslant \lim_{m \to \infty} p_{jj}^{(m)} \geqslant 0,$$

所以 j 也是零常返状态.

如果 i 是正常返状态,假设 j 不是正常返状态,则 j 一定是零常返状态,根据刚才的证明,则 i 一定是零常返状态,与 i 是亚常返状态矛盾,所以 j 也是正常返状态.

☞**命题** 3.2　有限状态的马尔可夫链,不可能全为非常返状态,也不可能有零常返状态,从而使不可约的有限马尔可夫链是正常返状态.

【证明】　设状态空间 $S=\{0,1,2,\cdots,N\}$. 若全部$(N+1)$个状态均为非常返状态,给定状态 i,对于其他所有状态 j,由定理 3.9 可知,因为 j 为非常返状态,所以

$$\lim_{n \to \infty} p_{ij}^{(n)}=0,$$

因此

$$\lim_{n \to \infty} \sum_{j=0}^{N} p_{ij}^{(n)}=0.$$

但对于任意的 n,有

$$\sum_{j=0}^{N} p_{ij}^{(n)}=1.$$

矛盾.

另外,若 S 中有零常返状态,设为 i,令 $C=\{j: i \to j\}$,则有

(i) $\sum\limits_{j \in C} p_{ij}^{(n)}=1$;

(ii) $j \to i$.

这是因为

$$1=\sum_{j \in S} p_{ij}^{(n)}=\sum_{j \in C} p_{ij}^{(n)}+\sum_{j \in S-C} p_{ij}^{(n)}=\sum_{j \in C} p_{ij}^{(n)},$$

若 j 不可达 i,说明对于任意的 n,$p_{ji}^{(n)}=0$,即从状态 j 经过有限步到达状态 i 的概率为 0. 因为 $i \to j$,这意味着 i 以大于 0 的概率到达状态 j,但是到达 j 后却不可能再返回状态 i. 因此 $f_{ii}<1$,这与 i 是常返状态矛盾. 所以 $i \leftrightarrow j$,

因此 j 也是零常返状态，所以

$$\lim_{n\to\infty} p_{ij}^{(n)} = 0.$$

矛盾.

☞**命题** 3.3　若马尔可夫链有一个零常返状态，则必有无限个零常返状态.

【证明】　设零常返状态为 i，记为 $C=\{j: i\to j\}$，则

$$\sum_{j\in C} p_{ij}^{(n)} = 1,$$

且对于 $j\in C$，有 $i\leftrightarrow j$，从而 j 为零常返状态. 所以 C 中所有元素均为零常返状态，于是若 $j\in C$，则

$$\lim_{n\to\infty} p_{ij}^{(n)} = 0.$$

若 C 中元素是有限个，则

$$\sum_{j\in C} p_{ij}^{(n)} \to 0.$$

矛盾.

当 j 是正常返状态时，极限 $\lim\limits_{n\to\infty} p_{ij}^{(n)}$ 不一定存在，即使存在，一般也与状态 i 有关. 因此，无须研究 $\lim\limits_{n\to\infty} p_{ij}^{(n)}$ 本身，而是研究其子列极限 $\lim\limits_{n\to\infty} p_{ij}^{(nd)}$ 和 $\lim\limits_{n\to\infty} \frac{1}{n}\sum\limits_{k=1}^{n} p_{ij}^{(k)}$.

令

$$f_{ij}(r) = \sum_{m=0}^{\infty} f_{ij}^{(md+r)},\quad 0\leqslant r\leqslant d-1,$$

其中，$f_{ij}(r)$ 表示从状态 i 出发，在时刻 $n=r(\mathrm{mod}(d))$ 首次到达状态 j 的概率，显然

$$\sum_{r=0}^{d-1} f_{ij}(r) = \sum_{m=0}^{\infty}\sum_{r=0}^{d-1} f_{ij}^{(md+r)} = \sum_{m=0}^{\infty} f_{ij}^{(m)} = f_{ij}.$$

定理 3.10　若 j 为正常返状态且周期为 d，则对于任意的 i 及 $0\leqslant r\leqslant d-1$，有

$$\lim_{n\to\infty} p_{ij}^{(nd+r)} = f_{ij}(r)\frac{d}{\mu_j}.$$

【证明】 当 $n \neq ld$ 时，$p_{jj}^{(n)}=0$，即只有 $p_{jj}^{(ld)}>0$. 由引理 3.1 可知

$$p_{ij}^{(nd+r)}=\sum_{k=0}^{nd+r} f_{ij}^{(k)}\, p_{jj}^{(nd+r-k)}=\sum_{m=0}^{n} f_{ij}^{(md+r)}\, p_{jj}^{((n-m)d)}.$$

于是，对于 $1 \leqslant N < n$，有

$$\sum_{m=0}^{N} f_{ij}^{(md+r)} p_{jj}^{((n-m)d)} \leqslant p_{ij}^{(nd+r)} \leqslant \sum_{m=0}^{N} f_{ij}^{(md+r)}\, p_{jj}^{((n-m)d)} + \sum_{m=N+1}^{\infty} f_{ij}^{(md+r)}.$$

先令 $n \to \infty$，再令 $N \to \infty$，由定理 3.8 可知

$$\lim_{N\to\infty}\lim_{n\to\infty}\sum_{m=0}^{N} f_{ij}^{(md+r)}\, p_{jj}^{((n-m)d)}=\lim_{N\to\infty}\sum_{m=0}^{N} f_{ij}^{(md+r)}\frac{d}{\mu_j}=f_{ij}(r)\frac{d}{\mu_j},$$

所以

$$f_{ij}(r)\frac{d}{\mu_j}\leqslant \lim_{n\to\infty} p_{ij}^{(nd+r)} \leqslant f_{ij}(r)\frac{d}{\mu_j},$$

即

$$\lim_{n\to\infty} p_{ij}^{(nd+r)}=f_{ij}(r)\frac{d}{\mu_j}.$$

☞ **命题 3.4** 设不可约的、正常返状态的、周期为 d 的马尔可夫链的状态空间为 S，则对任何状态 $i,j \in S$，有

$$\lim_{n\to\infty} p_{ij}^{(nd)}=\begin{cases}\dfrac{d}{\mu_j}, & i,j \in S_r, r=0,1,\cdots,d-1,\\ 0, & \text{其他},\end{cases}$$

其中 $S=\bigcup_{r=0}^{d-1} S_r$ 是由定理 3.7 给出的.

【证明】 在定理 3.10 中，令 $r=0$，得

$$\lim_{n\to\infty} p_{ij}^{(nd)}=f_{ij}(0)\frac{d}{\mu_j},$$

其中 $f_{ij}(0)=\sum_{m=0}^{\infty} f_{ij}^{(md)}$.

若不存在 r 使得 $i,j \in S_r$，则由定理 3.7 可知 $p_{ij}^{(md)}=0$，从而 $f_{ij}^{(md)}=0$，于是 $f_{ij}(0)=0$.

若存在 r 使得 $i,j \in S_r$，则对于任意的 $t \neq 0 \bmod(d)$，$p_{ij}^{(t)}=0$，从而 $f_{ij}^{(t)}=0$，于是

$$f_{ij}(0)=\sum_{m=0}^{\infty} f_{ij}^{(md)}=\sum_{m=0}^{\infty} f_{ij}^{(m)}=f_{ij}=1.$$

虽然一般来说，极限 $\lim\limits_{n\to\infty} p_{ij}^{(n)}$ 不一定存在，但是可以得到其平均值 $\lim\limits_{n\to\infty}\frac{1}{n}\sum\limits_{k=1}^{n} p_{ij}^{(k)}$ 的极限定理.

引理 3.3 已知非负数列 $\{a_n\}_{n\geqslant 1}$，其子列为 $\{a_{kd+s}\}_{k\geqslant 1}$，$s=0,1,\cdots,d-1$，若对于每一个 s，存在极限

$$\lim_{k\to\infty} a_{kd+s}=b_s,$$

则

$$\lim_{n\to\infty}\frac{1}{n}\sum_{k=1}^{n} a_k=\frac{1}{d}\sum_{s=0}^{d-1} b_s.$$

定理 3.11 对于任意的状态 $i,j\in S$，有

$$\lim_{n\to\infty}\frac{1}{n}\sum_{k=1}^{n} p_{ij}^{(k)}=\begin{cases}0, & j\text{ 为非常返状态或零常返状态},\\ \dfrac{f_{ij}}{\mu_j}, & j\text{ 为正常返状态}.\end{cases}$$

【证明】 若 j 为非常返状态或零常返状态，则由定理 3.9 知

$$\lim_{n\to\infty} p_{ij}^{(n)}=0,$$

所以

$$\lim_{n\to\infty}\frac{1}{n}\sum_{k=1}^{n} p_{ij}^{(k)}=0.$$

若 j 为正常返状态且周期为 d，令引理 3.3 中的 $a_{kd+s}=p_{ij}^{(kd+s)}$，$b_s=f_{ij}(s)\dfrac{d}{\mu_j}$，从而

$$\lim_{n\to\infty}\frac{1}{n}\sum_{k=1}^{n} p_{ij}^{(k)}=\frac{1}{d}\sum_{s=0}^{d-1} f_{ij}(s)\frac{d}{\mu_j}=\frac{1}{\mu_j}\sum_{s=0}^{d-1} f_{ij}(s)=\frac{f_{ij}}{\mu_j}.$$

3.3 不变分布和极限分布

定义 3.11(不变分布) 对于马尔可夫链，若

$$\pi_j=\sum_{i\in S}\pi_i p_{ij},$$

则称概率分布$\{\pi_j:j\in S\}$为不变分布. 若马尔可夫链的初始分布$P(X_0=j)=p_j$是不变分布,即

$$p_j=\sum_{i\in S}p_i p_{ij},$$

则X_1的分布将是

$$P(X_1=j)=\sum_{i\in S}P(X_1=j\mid X_0=i)\cdot P(X_0=i)=\sum_{i\in S}p_i p_{ij}=p_j,$$

即X_1的分布与X_0的分布相同. 以此类推,所有的X_n将有相同的分布,这也是$\{\pi_i:i\in S\}$被称为不变分布的原因.

定义 3.12(极限分布) 若马尔可夫链的所有状态相通(不可约)且都是周期为1(非周期)的正常返状态,则称它是遍历的. 对于遍历的马尔可夫链,极限

$$\lim_{n\to\infty}p_{ij}^{(n)}=\pi_j$$

称为马尔可夫链的极限分布.

由定理 3.8 知,$\pi_j=\dfrac{1}{\mu_j}$.

定理 3.12 对于不可约、非周期的马尔可夫链:

(i) 若它是遍历的,则

$$\{\pi_j=\lim_{n\to\infty}p_{ij}^{(n)}>0:j\in S\}$$

是不变分布且是唯一的不变分布.

(ii)若状态都是非常返状态或零常返状态,则不变分布不存在.

【证明】 (i)对遍历的马尔可夫链,由命题 3.4 知$\lim\limits_{n\to\infty}p_{ij}^{(n)}$存在,记为$\pi_j$. 下面首先证明$\{\pi_j:j\in S\}$是不变分布.

由于

$$\sum_{j\in S}p_{ij}^{(n)}=1,$$

所以

$$1=\lim_{n\to\infty}\sum_{j\in S}p_{ij}^{(n)}=\sum_{j\in S}\lim_{n\to\infty}p_{ij}^{(n)}=\sum_{j\in S}\pi_j.$$

根据 C-K 方程,得

$$p_{ij}^{(n+1)}=\sum_{k\in S}p_{ik}^{(n)}p_{kj},$$

两边取极限,得

$$\lim_{n\to\infty} p_{ij}^{(n+1)}=\lim_{n\to\infty}\sum_{k\in S} p_{ik}^{(n)}p_{kj}=\sum_{k\in S}\lim_{n\to\infty} p_{ik}^{(n)}p_{kj},$$

即

$$\pi_j=\sum_{k\in S}\pi_k p_{kj},$$

所以$\{\pi_j:j\in S\}$是不变分布.

其次,证明$\{\pi_j:j\in S\}$是唯一的不变分布.

设存在另外一个不变分布$\{\hat{\pi}_j:j\in S\}$,则$\hat{\pi}_j=\sum_{k\in S}\hat{\pi}_k p_{kj}$,归纳得

$$\hat{\pi}_j=\sum_{k\in S}\hat{\pi}_k p_{kj}^{(n)}.$$

令$n\to+\infty$,两边取极限,得

$$\hat{\pi}_j=\sum_{k\in S}\hat{\pi}_k\lim_{n\to\infty}p_{kj}^{(n)}=\sum_{k\in S}\hat{\pi}_k\pi_j.$$

因为$\sum_{k\in S}\hat{\pi}_k=1$,所以$\hat{\pi}_j=\pi_j$.

(ii)假设存在一个不变分布$\{\pi_j:j\in S\}$,由$\pi_j=\sum_{i\in S}\pi_i p_{ij}^{(n)}$可知,若令$n\to\infty$,则$p_{ij}^{(n)}\to 0$,从而$\pi_j=0$,这是不可能的.因此对于非常返状态或零常返状态马尔可夫链,不存在不变分布.

例 3.9　已知某马尔可夫链的转移概率矩阵为

$$\boldsymbol{P}=\begin{pmatrix}0.5 & 0.5 & 0\\ 0.5 & 0 & 0.5\\ 0 & 0.5 & 0.5\end{pmatrix},$$

这是一个不可约的、非周期的马尔可夫链.设其不变分布为$\boldsymbol{\pi}:=(\pi_1,\pi_2,\pi_3)$,则$\boldsymbol{\pi}\cdot\boldsymbol{P}=\boldsymbol{\pi}$.于是

$$\begin{cases}\pi_1=\pi_1 p_{11}+\pi_2 p_{21}+\pi_3 p_{31}=0.5\pi_1+0.5\pi_2,\\ \pi_2=\pi_1 p_{12}+\pi_2 p_{22}+\pi_3 p_{32}=0.5\pi_1+0.5\pi_3,\\ \pi_3=\pi_1 p_{13}+\pi_2 p_{23}+\pi_3 p_{33}=0.5\pi_2+0.5\pi_3,\end{cases}$$

可得到$\pi_1=\pi_2=\pi_3$.又因为$\pi_1+\pi_2+\pi_3=1$,所以

$$\pi_1=\frac{1}{3},\quad \pi_2=\frac{1}{3},\quad \pi_3=\frac{1}{3}.$$

例 3.10 现有甲、乙两个小组,一共有两个女生、四个男生,每个小组有三个人,每过一天会从两个小组各选一位同学进行交换.若以 X_0 表示开始时甲组中女生的个数,X_n 表示经过 n 次交换后甲组中女生的个数,设状态 $i=0,1,2$,试求状态 0,1,2 的平均返回步数 μ_0,μ_1,μ_2.

【解】 由题意知,转移概率矩阵为

$$\boldsymbol{P}=\begin{pmatrix}\frac{1}{3} & \frac{2}{3} & 0\\ \frac{2}{9} & \frac{5}{9} & \frac{2}{9}\\ 0 & \frac{2}{3} & \frac{1}{3}\end{pmatrix}.$$

设不变分布 $\boldsymbol{\pi}:=(\pi_0,\pi_1,\pi_2)$,由 $\boldsymbol{\pi}\cdot\boldsymbol{P}=\boldsymbol{\pi}$,可得

$$\begin{cases}\frac{1}{3}\pi_1+\frac{2}{9}\pi_2=\pi_1,\\ \frac{2}{3}\pi_0+\frac{5}{9}\pi_1+\frac{2}{3}\pi_2=\pi_1,\\ \frac{2}{9}\pi_1+\frac{1}{3}\pi_2=\pi_2,\end{cases}$$

再由 $\pi_0+\pi_1+\pi_2=1$,解得 $\pi_0=\frac{1}{5},\pi_1=\frac{3}{5},\pi_2=\frac{1}{5}$.

所以

$$\mu_0=5,\quad \mu_1=\frac{5}{3},\quad \mu_2=5.$$

例 3.11 已知某动物会在如图 3.3 所示的 6 个位置随机巡视,且每次不会待在原地,而是等可能地移动到邻近的位置,求其在每个位置状态的平均返回步数 $\mu_1\sim\mu_6$.

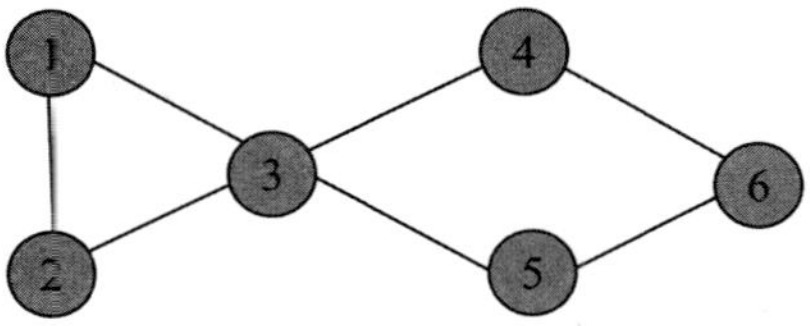

图 3.3　例 3.11 图示

【解】　由题意知，转移概率矩阵为

$$P=\begin{pmatrix} 0 & 1/2 & 1/2 & 0 & 0 & 0 \\ 1/2 & 0 & 1/2 & 0 & 0 & 0 \\ 1/4 & 1/4 & 0 & 1/4 & 1/4 & 0 \\ 0 & 0 & 1/2 & 0 & 0 & 1/2 \\ 0 & 0 & 1/2 & 0 & 0 & 1/2 \\ 0 & 0 & 0 & 1/2 & 1/2 & 0 \end{pmatrix}.$$

由于所有状态都是互通的、非周期的，有有限多个，所以此马尔可夫链是遍历的. 设不变分布 $\boldsymbol{\pi}=(\pi_1,\pi_2,\pi_3,\pi_4,\pi_5,\pi_6)$，则

$$\begin{cases} \pi_1=\dfrac{1}{2}\pi_2+\dfrac{1}{4}\pi_3, \\ \pi_2=\dfrac{1}{2}\pi_1+\dfrac{1}{4}\pi_3, \\ \pi_3=\dfrac{1}{2}\pi_1+\dfrac{1}{2}\pi_2+\dfrac{1}{2}\pi_4+\dfrac{1}{2}\pi_5, \\ \pi_4=\dfrac{1}{4}\pi_3+\dfrac{1}{2}\pi_6, \\ \pi_5=\dfrac{1}{4}\pi_3+\dfrac{1}{2}\pi_6, \\ \pi_6=\dfrac{1}{2}\pi_4+\dfrac{1}{2}\pi_5, \end{cases}$$

解得

$$\begin{cases}\pi_1=\dfrac{1}{2}\pi_3,\\ \pi_2=\dfrac{1}{2}\pi_3,\\ \pi_3=\pi_3,\\ \pi_4=\dfrac{1}{2}\pi_3,\\ \pi_5=\dfrac{1}{2}\pi_3,\\ \pi_6=\dfrac{1}{2}\pi_3.\end{cases}$$

因为$\pi_j=\dfrac{1}{\mu_j}$,所以

$$\mu_1=7,\quad \mu_2=7,\quad \mu_3=\frac{7}{2},\quad \mu_4=7,\quad \mu_5=7,\quad \mu_6=7.$$

习题三

1. 设今日有雨,则明日有雨的概率是 0.7;若今日无雨,则明日有雨的概率是 0.5. 求在周一有雨的情况下,周三也有雨的概率.

2. 转移矩阵又被称为双随机矩阵,若对于一切 $j\in S$,有

$$\sum_{i=0}^{\infty}p_{ij}=1.$$

设一个具有双随机转移矩阵的马尔可夫链有 n 个状态,且是遍历的,求它的极限分布.

3. 在赌博结果会出现平局的赌徒破产模型中,设每局赌博中庄家赢的概率为 q,赌徒赢的概率为 p,平局的概率为 r,自然有 $p+q+r=1$. 设每局赌博赢的一方得 1 万元,输的一方得 −1 万元,平局双方各得 0 元,当一方累积赢到 2 万元时,赌博结束.

(i)写出该赌徒破产模型对应的状态空间；

(ii)写出该赌徒破产模型对应的一步转移概率矩阵；

(iii)求赌徒在赢了 1 万元的情况下，再赌 2 局赢到 2 万元的概率.

4. 在例 3.3 中，求μ_1，μ_2，μ_3，μ_4，μ_5，μ_6.

第四章　泊松过程

引例　设在每分钟内，通过某路口的汽车数服从参数为 λ 的泊松分布，则在 2 min 内通过该路口的汽车数服从什么分布？

【解】　设第一分钟内通过该路口的汽车数为X_1，第二分钟内通过该路口的汽车数为X_2，2 min 内通过该路口的汽车数为 Y，则

$$
\begin{aligned}
P(Y=k) &= \sum_{k_1+k_2=k} P(X_1=k_1, X_2=k_2) \\
&= \sum_{k_1+k_2=k} P(X_1=k_1)P(X_2=k_2) \\
&= \sum_{k_1+k_2=k} \frac{\lambda^{k_1}}{k_1!}e^{-\lambda} \frac{\lambda^{k_2}}{k_2!}e^{-\lambda} \\
&= \sum_{k_1+k_2=k} \frac{\lambda^{k_1+k_2}}{k_1!k_2!}e^{-2\lambda} \\
&= \sum_{k_1+k_2=k} \frac{(k_1+k_2)!}{k_1!k_2!} \cdot \frac{\lambda^{k_1+k_2}}{(k_1+k_2)!}e^{-2\lambda} \\
&= \sum_{k_1+k_2=k} \frac{(k_1+k_2)!}{k_1!k_2!} \left(\frac{1}{2}\right)^{k_1} \left(\frac{1}{2}\right)^{k_2} \frac{(2\lambda)^{k_1+k_2}}{(k_1+k_2)!}e^{-2\lambda} \\
&= \frac{(2\lambda)^k}{k!}e^{-2\lambda}.
\end{aligned}
$$

由此可以看出，如果考虑 2 min 内通过该路口的汽车数，则其依然服从泊松分布，只是参数变成原先的 2 倍. 如果继续考虑 3 min、4 min 及任意 n min内通过该路口的汽车数，则可以归纳推出 n min 内通过该路口的汽车数服从参数为 $n\lambda$ 的泊松分布.

本章将介绍一种特殊的随机过程——泊松过程. 泊松过程可以看作是

随时间变化而变化的泊松分布.

4.1 泊松过程及其性质

泊松过程是一类重要的计数过程,下面通过一个例子引出计数过程的定义.

例 4.1 考虑火车站排队购票的人数,若设X_t表示$[0,t]$时间内到达火车站的人数,则$\{X_t\}_{t\geqslant 0}$是随机过程,这个随机过程具有如下特征:

(i)对于任意的 t,X_t的取值都是非负整数,$X_0=0$;

(ii)随着 t 的增大,X_t的取值只会增加或者不变,不会减小;

(iii)对于任意两个时刻 $s,t(s<t)$,若考虑 $t-s$ 这段时间内新到来的旅客人数X_t-X_s,则它应该服从某个泊松分布.

定义 4.1(计数过程) 如果 $N(t)$表示从 0 到 t 时刻某一特定事件 A 发生的次数,且具备以下两个特点:

(i)$N(t)$的取值为整数;

(ii)当 $s<t$ 时,$N(s)\leqslant N(t)$且 $N(t)-N(s)$表示$(s,t]$时间内事件 A 发生的次数,

则称随机过程$\{N(t)\}_{t\geqslant 0}$为计数过程.

计数过程有着广泛的应用,如统计某商店一段时间内购物的顾客数、某电话转接台一段时间内呼叫的次数、某加油站一段时间内等候加油的人数等.

由上可知,计数过程有以下两个共同的特点:

(i)若在不相交的时间区间中发生的事件个数是独立的,则称该计数过程有独立增量. 即当$t_1<t_2<t_3$时,有 $X(t_2)-X(t_1)$与 $X(t_3)-X(t_2)$是独立的.

(ii)若在任一时间区间中的事件个数的分布只依赖于时间区间的长度,则称该计数过程有平稳增量. 即任意$t_1<t_2$及 $s>0$,区间$(t_1+s,t_2+s]$中的事件个数 $N(t_2+s)-N(t_1+s)$与区间$(t_1,t_2]$中事件的个数 $N(t_2)-$

$N(t_1)$有相同的分布.

泊松过程是具有独立增量和平稳增量的计数过程,定义如下:

定义 4.2(泊松过程) 若

(i)$N_0=0$;

(ii)$\{N_t\}_{t\geqslant 0}$具有独立增量;

(iii)对于任意的 $s,t\geqslant 0$,有

$$P(N_{s+t}-N_s=n)=\mathrm{e}^{-\lambda t}\frac{(\lambda t)^n}{n!},\quad n=0,1,2,\cdots,$$

则计数过程$\{N_t\}_{t\geqslant 0}$称为参数为$\lambda(\lambda>0)$的泊松过程.

根据泊松分布的性质,$E[N_t]=\lambda t$. 这里的 λ 可以认为是单位时间内事件发生的平均次数,因此也被称为泊松分布的强度.

例 4.2 已知某上市公司的股票平均每分钟交易 10 次,则任意 1 min 内,最多有 5 次交易的概率是多少? 任意 2 min 内,没有交易的概率是多少?

【解】 由题意知 $\lambda=10$,则

$$P(N_1\leqslant 5)=\sum_{n=0}^{5}\mathrm{e}^{-10}\frac{10^n}{n!},$$

$$P(N_2=0)=\mathrm{e}^{-20}\cdot\frac{20^0}{0!}=\mathrm{e}^{-20}.$$

由泊松过程的定义知,为了确定一个计数过程是不是泊松过程,必须验证其是否满足定义 4.2 中的条件(i)~(iii). 条件(i)说明计数过程从 0 开始,条件(ii)通常可以由过程的实际情况直接验证, 然而条件(iii)一般没有办法去判定是否满足. 那么是否有其他容易判定的泊松过程的等价定义呢?

根据泰勒(Taylor)展开式,有

$$\mathrm{e}^{-\lambda t}=1-\lambda t+o(\lambda t)=1-\lambda t+o(t),$$

其中 $o(t)$表示 t 的高阶无穷小,则

$$P(N_{s+t}-N_s=1)=\mathrm{e}^{-\lambda t}\lambda t=\lambda t+o(t),$$

$$P(N_{s+t}-N_s=n)=\mathrm{e}^{-\lambda t}\frac{(\lambda t)^n}{n!}=o(t),\quad n=2,3,\cdots.$$

于是泊松过程具有以下性质:

(i)′$N_0=0$；

(ii)′$\{N_t\}_{t\geqslant 0}$具有平稳独立增量；

(iii)′当 $t\to 0$ 时，

$$P(N_{s+t}-N_s=1)=\lambda t+o(t);$$

(iv)′当 $t\to 0$ 时，

$$P(N_{s+t}-N_s\geqslant 2)=o(t).$$

若考虑时间区间$[0,T]$，可将$[0,T]$划分成 n 个相等的时间区间，并令$t=\dfrac{T}{n}$.

(1)当 $n\to\infty$时，则 $t\to 0$，由(iv)′得，在每个相等的小的时间区间上，事件发生 2 次及以上的概率趋于 0；

(2)当 $n\to\infty$时，则 $t\to 0$，由(iii)′得，在每个相等的小的时间区间上，事件发生 1 次的概率 p 约等于λt，即$\dfrac{\lambda T}{n}$，不发生的概率约等于 $1-\dfrac{\lambda T}{n}$，这相当于一次伯努利(Bernoulli)试验；

(3)由(ii)′得，$\{N_t\}_{t\geqslant 0}$具有平稳独立增量，将$[0,T]$划分成 n 个相等的时间区间，相当于做了 n 次独立的伯努利试实验，而N_T可以看成$[0,T]$时间段上事件发生的总次数，且 $E[N_T]=np=n\cdot\dfrac{\lambda T}{n}=\lambda T$.

(4)由泊松定理，二项分布趋于参数为 λT 的泊松分布.

实际上，上述四条性质完全刻画了泊松过程，据此可得下面的定理：

定理 4.1　满足性质(i)′～(iv)′的计数过程$\{N_t\}_{t\geqslant 0}$是泊松过程；反之，泊松过程也一定满足(i)′～(iv)′四条性质.

【证明】　必要性：只需证明N_t服从参数为 λt 的泊松分布就可以. 记$P_s(n)=P(N_s=n)$，则

$$P(N_t\geqslant 1)=1-P_t(0).$$

另外，有

$$\begin{aligned}P_{s+t}(0)&=P(N_{s+t}=0)=P(N_{s+t}-N_s=0,N_s=0)\\&=P(N_s=0)P(N_{s+t}-N_s=0)=P_s(0)P_t(0)\end{aligned}$$

$$=P_s(0)(1-P(N_t\geqslant 1))=P_s(0)(1-\lambda t+o(t)),$$

所以

$$P_s'(0)=\lim_{t\to 0}\frac{P_{s+t}(0)-P_s(0)}{t}=\lim_{t\to 0}\left(-\lambda P_s(0)+\frac{o(t)}{t}\right)=-\lambda P_s(0).$$

解该常微分方程,可得

$$P_s(0)=K\mathrm{e}^{-\lambda s}.$$

因为$P_0(0)=P(N_0=0)=1$,所以 $K=1$. 于是

$$P_s(0)=\mathrm{e}^{-\lambda s}.$$

当 $n\geqslant 1$ 时,由于

$$\begin{aligned}P_{s+t}(n)&=P(N_{s+t}=n)\\&=P(N_s=n,N_{s+t}-N_s=0)+P(N_s=n-1,N_{s+t}-N_s=1)\\&\quad+P(N_{s+t}=n,N_{s+t}-N_s\geqslant 2)\\&=P_s(n)P_t(0)+P_s(n-1)P_t(1)+o(t)\\&=P_s(n)(1-\lambda t)+\lambda t\,P_s(n-1)+o(t),\end{aligned}$$

因此

$$\begin{aligned}P_s'(n)&=\lim_{t\to 0}\frac{P_{s+t}(n)-P_s(n)}{t}=\lim_{t\to 0}\left(-\lambda P_s(n)+\lambda P_s(n-1)+\frac{o(t)}{t}\right)\\&=-\lambda P_s(n)+\lambda P_s(n-1).\end{aligned}$$

用递归法可以得到

$$P_s(n)=P(N_s=n)=\mathrm{e}^{-\lambda s}\frac{(\lambda s)^n}{n!}.$$

充分性:只需要证明条件(iii)′和(iv)′成立就可以.

$$\begin{aligned}P(N_{s+t}-N_s=1)&=P(N_t=1)=\lambda t\,\mathrm{e}^{-\lambda t}\\&=\lambda t(1-\lambda t+o(t))=\lambda t+o(t),\end{aligned}$$

$$\begin{aligned}P(N_{s+t}-N_s\geqslant 2)&=P(N_t\geqslant 2)=\sum_{n=2}^{\infty}\mathrm{e}^{-\lambda t}\frac{(\lambda t)^n}{n!}\\&=(\lambda t)^2\sum_{n=0}^{\infty}\mathrm{e}^{-\lambda t}\frac{(\lambda t)^n}{(n+2)!}\leqslant(\lambda t)^2\sum_{n=0}^{\infty}\mathrm{e}^{-\lambda t}\frac{(\lambda t)^n}{n!}\\&=\lambda^2t^2.\end{aligned}$$

例 4.3　某人观测夜空中的流星时，记流星出现的次数为$\{N_t\}_{t\geq 0}$，且$\{N_t\}_{t\geq 0}$是强度为λ的泊松过程. 若流星被某人观测到的概率是p，以M_t表示t时刻流星被记录下来的次数. 证明：$\{M_t\}_{t\geq 0}$是强度为λp的泊松过程.

【证明】　由于$M_0=0$及$\{M_t\}_{t\geq 0}$具有独立增量是显然成立的，接下来，只需要证明对于任意的$t\geq 0$，M_t都服从参数为λpt的泊松分布即可. 而对于任意的自然数m和n，有

$$\begin{aligned}
P(M_t=m) &= \sum_{n=0}^{\infty} P(M_t=m \mid N_t=m+n)P(N_t=m+n) \\
&= \sum_{n=0}^{\infty} \mathrm{C}_{m+n}^{m}\, p^m\,(1-p)^n\,\frac{(\lambda t)^{m+n}}{(m+n)!}\,\mathrm{e}^{-\lambda t} \\
&= \mathrm{e}^{-\lambda t}\sum_{n=0}^{\infty}\frac{(\lambda pt)^m\,[\lambda(1-p)t]^n}{m!\;n!} \\
&= \mathrm{e}^{-\lambda t}\frac{(\lambda pt)^m}{m!}\sum_{n=0}^{\infty}\frac{[\lambda(1-p)t]^n}{n!} \\
&= \mathrm{e}^{-\lambda t}\frac{(\lambda pt)^m}{m!}\mathrm{e}^{\lambda(1-p)t} = \mathrm{e}^{-\lambda pt}\frac{(\lambda pt)^m}{m!}.
\end{aligned}$$

所以$\{M_t\}_{t\geq 0}$是强度为λp的泊松过程.

例 4.4　已知$\{N_t\}_{t\geq 0}$是泊松过程，对于$s>0$，试计算$E[N_tN_{t+s}]$.

【解】

$$\begin{aligned}
E[N_tN_{t+s}] &= E[N_t(N_{t+s}-N_t)+N_t^2] \\
&= E[N_t]E[(N_{t+s}-N_t)]+E[N_t^2] \\
&= E[N_t]E[N_s]+(E[N_t])^2+\mathrm{var}(N_t) \\
&= \lambda t\cdot\lambda s+\lambda^2t^2+\lambda t \\
&= \lambda^2ts+\lambda^2t^2+\lambda t.
\end{aligned}$$

4.2　泊松过程的另一种描述

本节将考虑由泊松过程衍生出来的下列两族随机变量序列.

(i) 若X_n是第n次与$(n-1)$次事件发生的时间间隔，则随机序列$\{X_n\}_{n\geq 1}$称为时间间隔序列；

(ii)若T_n是第n次事件发生的时刻,则随机序列$\{T_n\}_{n\geqslant 1}$被称为等待时间序列. 规定:$T_0=0$.

显然有

$$T_n=\sum_{i=1}^{n} X_i \quad \text{和} \quad X_n=T_n-T_{n-1}.$$

定理 4.2 $X_n(n=1,2,\cdots)$服从参数为λ的指数分布,且相互独立.

【证明】 首先考虑X_1的分布. 由于事件$\{X_1>t\}$等价于事件$\{N_t=0\}$,因此

$$P(X_1>t)=P(N_t=0)=\mathrm{e}^{-\lambda t},$$

从而$P(X_1\leqslant t)=1-\mathrm{e}^{-\lambda t}$.

其次考虑X_2的分布. 对于任意的s和$r<s$,有

$$\begin{aligned}P(X_2>t\mid X_1=s)&=P(N_{s+t}-N_s=0\mid N_s=1,N_r=0)\\&=P(N_{s+t}-N_s=0)=\mathrm{e}^{-\lambda t},\end{aligned}$$

这表明X_2的分布与X_1无关,所以X_2和X_1相互独立,因此可得

$$P(X_2>t)=\mathrm{e}^{-\lambda t},$$

从而X_2和X_1一样,也服从参数为λ的指数分布. 以此类推,$\{X_n\}_{n\geqslant 1}$相互独立且均服从参数为λ的指数分布.

定理 4.3 $T_n(n=1,2,3,\cdots)$服从参数为n和λ的Γ分布.

【证明】 由于$T_n=\sum_{i=1}^{n} X_i$,X_i相互独立且服从相同的指数分布,由Γ分布的可加性知,T_n服从$\Gamma(n,\lambda)$.

下面给出泊松过程的另一种描述.

定义 4.3 若每次事件发生的时间间隔$X_1,X_2,\cdots$相互独立且均服从参数为λ的指数分布,则计数过程$\{N_t\}_{t\geqslant 0}$是参数为λ的泊松过程.

例如,如果任意两个相继出现的质点间的距离是相互独立的,且均服从参数为λ的指数分布,则质点流构成强度为λ的泊松过程.

用这个定义描述泊松过程的好处是,要确定一个计数过程是不是泊松过程,只要用统计方法检验点间距离是否相互独立且服从同一指数分布即可.

例 4.5 已知上午 9:30 证券交易所开始提供股票开户业务的服务. 设某营业点只有一个服务窗口,每个股民开户需要的时间是相互独立的且均服从均值为 20 min 的指数分布,则到中午 11:30 营业结束时,完成开户的人平均有多少? 已有 10 人完成开户的概率是多少?

【解】 设完成开户的人数为$\{N_t\}_{t\geqslant 0}$,由之前的定义可知,$\{N_t\}_{t\geqslant 0}$是$\lambda=3$的泊松过程. 设 9:30 是 0 时刻,11:30 是 2 时刻,则

$$P(N_2-N_0=n)=\mathrm{e}^{-6}\cdot\frac{6^n}{n!},$$

所以均值为 6,即完成开户的人平均有 6 个.

已有 10 人完成开户的概率为

$$P(N_2-N_0=10)=\mathrm{e}^{-6}\cdot\frac{6^{10}}{10!}.$$

4.3 复合泊松过程

定义 4.4(复合泊松过程) 如果对于 $t\geqslant 0$,$X(t)$可以表示为

$$X_t=\sum_{i=1}^{N_t}Y_i,$$

其中$\{N_t\}_{t\geqslant 0}$是泊松过程,$Y_i(i=1,2,\cdots)$是一族独立同分布的随机变量,并且与$\{N_t\}_{t\geqslant 0}$也是独立的,则称$\{X_t\}_{t\geqslant 0}$为复合泊松过程.

容易看出,复合泊松过程一般不是泊松过程,甚至不是计数过程,但复合泊松过程在实际应用中非常常见. 比如,在物理学研究领域,若用$\{N_t\}_{t\geqslant 0}$表示粒子流,N_t表示$[0,t]$时间内到达的粒子数,Y_i表示第 i 个粒子的能量,则X_t表示$[0,t]$时间内到达的粒子的总能量;在经济金融领域,一般来说,保险公司接到的索赔次数$\{N_t\}_{t\geqslant 0}$是泊松过程,每次索赔要求赔付的金额Y_i都相互独立,且具有相同分布,则此时$[0,t]$时间内保险公司需要赔付的总金额$\{X_t\}_{t\geqslant 0}$就是复合泊松过程.

定理 4.4 设$\left\{X_t=\sum_{i=1}^{N_t}Y_i\right\}_{t\geqslant 0}$是复合泊松过程,泊松过程$\{N_t\}_{t\geqslant 0}$的强

度为 λ，若 $E[Y_i^2]<+\infty$，则

$$E[X_t]=\lambda tE[Y_1],\quad \mathrm{var}(X_t)=\lambda tE[Y_1^2].$$

【证明】 $$E[X_t]=E\left[\sum_{i=1}^{N_t}Y_i\right]=E\left[E\left[\sum_{i=1}^{N_t}Y_i\mid N_t\right]\right]$$

$$=E\left[E\left[\sum_{i=1}^{n}Y_i\mid N_t=n\right]\Big|_{n=N_t}\right]$$

$$=E[nE[Y_1]|_{n=N_t}]$$

$$=E[N_t]E[Y_1]$$

$$=\lambda tE[Y_1],$$

$$\mathrm{var}(X_t)=E[X_t^2]-(E[X_t])^2$$

$$=E\left[E\left[\left(\sum_{i=1}^{N_t}Y_i\right)^2\Big|N_t\right]\right]-\lambda^2t^2(E[Y_1])^2$$

$$=E(nE[Y_1^2]+n(n-1)(E[Y_1])^2|_{n=N_t})-\lambda^2t^2(E[Y_1])^2$$

$$=E[N_t]E[Y_1^2]+E[N_t(N_t-1)](E[Y_1])^2-\lambda^2t^2(E[Y_1])^2$$

$$=\lambda tE[Y_1^2]+(E[N_t(N_t-1)]-\lambda^2t^2)(E[Y_1])^2$$

$$=\lambda tE[Y_1^2]+(E[N_t^2]-E[N_t]-\lambda^2t^2)(E[Y_1])^2$$

$$=\lambda tE[Y_1^2]+(\mathrm{var}(N_t)+(E[N_t])^2-E[N_t]-\lambda^2t^2)(E[Y_1])^2$$

$$=\lambda tE[Y_1^2].$$

习题四

1. 试判断泊松过程$\{N_t\}_{t\geqslant 0}$是否具有均值遍历性.

2. 在例 4.1 中，若已知火车站一共有 3 个售票窗口，旅客选择任何一个售票窗口买票的概率都是一样的，试证明每个售票窗口接待的旅客数也是泊松过程.

3. 若$\{N_t^1\}_{t\geqslant 0}$是参数为λ_1的泊松过程，$\{N_t^2\}_{t\geqslant 0}$是参数为λ_2的泊松过程，$\{N_t^1\}_{t\geqslant 0}$和$\{N_t^2\}_{t\geqslant 0}$相互独立，试证明：若

$$N_t=N_t^1+N_t^2,$$

则 $\{N_t\}_{t\geqslant 0}$ 是参数为 λ 的泊松过程，其中 $\lambda=\lambda_1+\lambda_2$.

4.设某小区新来定居的户数服从泊松过程，平均每月为 3 户. 若设每户的人口数为 Y，则 Y 的分布律如下：

Y	1	2	3	4
P	$\frac{1}{6}$	$\frac{1}{3}$	$\frac{1}{3}$	$\frac{1}{6}$

试求一年内到该小区新定居人数的期望和方差.

第五章 更新过程

更新过程是泊松过程的一种推广，主要用于确定工厂更换破旧机器的最佳策略，以及比较不同保险政策的长期效益等. 本章主要介绍更新过程等概念和更新函数的性质，以及两个更新定理.

5.1 更新过程及更新函数

考虑下面的问题：在 0 时刻安装了一个新零件并开始工作，设这个零件在X_1时刻损坏，然后更换成第二个零件，设第二个零件的使用寿命为X_2. 以此类推，则 n 个零件的总使用寿命为

$$T_n=\sum_{i=1}^{n} X_i.$$

那么到 t 时刻，所更换零件的总数为

$$N_t=\sup\{n: T_n\leqslant t\}.$$

显然 $\{N_t\}_{t\geqslant 0}$是计数过程，通常把这样的计数过程称为更新过程. 更一般地，有如下定义：

定义 5.1(更新过程) 设$\{X_n\}_{n\geqslant 1}$是一列独立同分布的非负随机变量且满足 $P(X_n=0)\neq 1$，令$T_n=\sum\limits_{i=1}^{n} X_i$，$n\geqslant 1$，$T_0=0$，则由

$$N_t=\sup\{n: T_n\leqslant t\}$$

定义的计数过程称为更新过程.

在更新过程中，我们将事件发生一次理解成一次更新，那么X_n就可以看

作第$(n-1)$次更新和第 n 次更新之间的时间间隔，T_n 可以看作第 n 次更新发生的时刻，而N_t就表示 t 时刻之前发生的总的更新次数.

下面介绍更新过程$\{N_t\}_{t\geqslant 0}$及更新函数的一些性质.

首先，在有限时间$[0,t]$内发生无穷多次更新的概率为 0. 直观的原因是：由大数定律可知

$$\frac{\sum_{i=1}^{n} X_i}{n}=\frac{T_n}{n}\to\mu,$$

其中 $\mu=E[X_i]>0$，所以当 $n\to\infty$时，$T_n\to\infty$. 也就是说，无穷多次更新只可能在无限的时间内发生.

下面用F_n表示T_n的分布函数，用M_t表示 $E[N_t]$的均值函数，其中M_t一般被称为更新函数. 本章剩余部分主要研究更新函数的一些性质.

定理 5.1　对于任意的更新过程$\{N_t\}_{t\geqslant 0}$，有

$$M_t=\sum_{n=1}^{\infty}F_n(t).$$

【证明】

$$\begin{aligned}M_t&=E[N_t]=\sum_{n=1}^{\infty}nP(N_t=n)\\&=\sum_{n=1}^{\infty}n(P(N_t\geqslant n)-P(N_t\geqslant n+1))\\&=P(N_t\geqslant 1)-P(N_t\geqslant 2)+2P(N_t\geqslant 2)\\&\quad-2P(N_t\geqslant 3)+3P(N_t\geqslant 3)+\cdots\\&=\sum_{n=1}^{\infty}P(N_t\geqslant n)\\&=\sum_{n=1}^{\infty}P(T_n\leqslant t)\\&=\sum_{n=1}^{\infty}F_n(t).\end{aligned}$$

定理 5.2　M_t是 t 的不减函数，且对任意的 $t\geqslant 0$，$M_t<+\infty$.

【证明】　对于任意的 $t\geqslant s$，因为$N_t\geqslant N_s$，所以 $E[N_t]\geqslant E[N_s]$，因此$M_t\geqslant M_s$.

由于 $P(X_n=0)\neq 1$，所以 $P(X_n=0)<1$，对于任意的 n，存在 $a>0$，使

得 $P(X_n \geqslant a)>0$,从而 $P(X_n<a)<1$. 取实数 b,使得 $a>b>0$,则

$$F_n(b) \leqslant P(X_n<a)<1.$$

对于任意的 t,都可以找到正整数 k,使得 $kb \geqslant t$,则

$$\{T_k \leqslant t\} \subset \{T_k \leqslant kb\} \subset \{X_1>b, X_2>b, \cdots, X_k>b\}^c.$$

于是

$$P(T_k \leqslant t) \leqslant 1-P(X_1>b, X_2>b, \cdots, X_k>b)=1-(1-F(b))^k=1-\beta,$$

这里 $\beta=(1-F(b))^k>0$.

因为

$$\{T_{mk} \leqslant t\} \subset \{T_k-T_0 \leqslant t, T_{2k}-T_k \leqslant t, \cdots, T_{mk}-T_{(m-1)k} \leqslant t\},$$

所以

$$\begin{aligned} P(T_{mk} \leqslant t) &\leqslant P(T_k-T_0 \leqslant t, T_{2k}-T_k \leqslant t, \cdots, T_{mk}-T_{(m-1)k} \leqslant t) \\ &=(P(T_k \leqslant t))^m, \end{aligned}$$

所以

$$P(T_{mk} \leqslant t) \leqslant (1-\beta)^m.$$

对于任意的整数 $j \geqslant 0$,有 $\{T_{mk+j} \leqslant t\} \subset \{T_{mk} \leqslant t\}$,所以

$$\sum_{n=mk}^{(m+1)k-1} P(T_n \leqslant t) \leqslant kP(T_{mk} \leqslant t) \leqslant k\ (1-\beta)^m,$$

于是,由定理 5.1 可知

$$\begin{aligned} M_t &= \sum_{n=1}^{\infty} F_n(t)=\sum_{n=1}^{\infty} P(T_n \leqslant t)=\sum_{n=1}^{k-1} P(T_n \leqslant t)+\sum_{n=k}^{\infty} P(T_n \leqslant t) \\ &=\sum_{n=1}^{k-1} P(T_n \leqslant t)+\sum_{n=k}^{2k-1} P(T_n \leqslant t)+\sum_{n=2k}^{3k-1} P(T_n \leqslant t)+\cdots \\ &=\sum_{n=1}^{k-1} P(T_n \leqslant t)+\sum_{m=1}^{\infty} \sum_{n=mk}^{(m+1)k-1} P(T_n \leqslant t) \\ &\leqslant \sum_{n=1}^{k-1} P(T_n \leqslant t)+\sum_{m=1}^{\infty} k\ (1-\beta)^m \\ &=\sum_{n=1}^{k-1} P(T_n \leqslant t)+\frac{k(1-\beta)}{\beta}<+\infty. \end{aligned}$$

5.2　更新速率和更新定理

由定理 4.2 知，对于强度为 λ 的泊松过程，两次事件发生的时间间隔 X_n 服从参数为 λ 的指数分布，其更新函数为

$$M_t = E[N_t] = \lambda t,$$

于是

$$\frac{M_t}{t} = \lambda = \frac{1}{E[X_n]},$$

其中 M_t/t 又被称为平均更新速率. 那么，对于一般的更新过程，是否还有类似的性质呢？下面首先引入一个等式.

定理 5.3[沃尔德(Wald) 等式]　对于独立同分布且均值有限的一列随机序列 $\{X_n\}_{n\geqslant 1}$，若 $\{N_t\}_{t\geqslant 0}$ 是独立于 $\{X_n\}_{n\geqslant 1}$ 的计数过程，则

$$E\left[\sum_{n=1}^{N_t} X_n\right] = E[X_1]E[N_t].$$

【证明】

$$\begin{aligned} E\left[\sum_{n=1}^{N_t} X_n\right] &= E\left[E\left[\sum_{i=1}^{N_t} X_i \mid N_t\right]\right] \\ &= E\left[E\left[\sum_{i=1}^{n} X_i \mid N_t = n\right] \Big|_{n=N_t}\right] \\ &= E\left[\sum_{i=1}^{n} E[X_i] \Big|_{n=N_t}\right] \\ &= E\left[nE[X_1] \big|_{n=N_t}\right] \\ &= E[X_1]E[N_t]. \end{aligned}$$

定理 5.4[费勒(Feller) 初等更新定理]　记 $\mu = E[X_n] < +\infty$，则当 $t \to \infty$ 时，有

$$\frac{M_t}{t} \to \frac{1}{\mu}.$$

【证明】　由

$$T_{N_t+1}=\sum_{i=1}^{N_t+1}X_i>t,$$

两边取期望,根据沃尔德等式,得 $\mu(M_t+1)>t$. 所以

$$\frac{M_t}{t}+\frac{1}{t}>\frac{1}{\mu},$$

所以

$$\liminf_{t\to\infty}\frac{M_t}{t}\geqslant\frac{1}{\mu}.$$

另外,对于某个固定的正常数 M,令

$$X_n^c=\begin{cases}X_n, & X_n\leqslant M,\\ M, & X_n>M,\end{cases}$$

以 $\{X_n^c\}_{n\geqslant 1}$ 重新定义一个新的更新过程,对应有

$$T_n^c=\sum_{i=1}^{n}X_i^c$$

和

$$N_t^c=\sup\{n:T_n^c\leqslant t\}.$$

由于 $X_n^c\leqslant M$,所以

$$T_{N_t^c+1}^c=\sum_{i=1}^{N_t^c+1}X_i^c\leqslant t+M.$$

令 $\mu_M=E[X_n^c]$,根据沃尔德等式,有

$$\mu_M(M_t^c+1)\leqslant t+M.$$

于是

$$\frac{M_t^c}{t}+\frac{1}{t}\leqslant\frac{1}{\mu_M}+\frac{M}{\mu_M t},$$

从而

$$\limsup_{t\to\infty}\frac{M_t^c}{t}\leqslant\frac{1}{\mu_M}.$$

由于 $X_n^c\leqslant X_n$,所以 $T_n^c\leqslant T_n$,从而

$$N_t^c=\sup\{T_n^c\leqslant t\}\geqslant\sup\{T_n\leqslant t\}=N_t.$$

所以

$$M_t^c \geqslant M_t,$$

因此

$$\limsup_{t\to\infty} \frac{M_t}{t} \leqslant \frac{1}{\mu_M}.$$

令 $M \to +\infty$,则 $X_n^c \to X_n$,于是 $E[X_n^c] \to E[X_n]$,即 $\mu_M \to \mu$,从而

$$\limsup_{t\to\infty} \frac{M_t}{t} \leqslant \frac{1}{\mu}.$$

因为

$$\frac{1}{\mu} \leqslant \liminf_{t\to\infty} \frac{M_t}{t} \leqslant \limsup_{t\to\infty} \frac{M_t}{t} \leqslant \frac{1}{\mu},$$

所以

$$\lim_{t\to\infty} \frac{M_t}{t} = \frac{1}{\mu}.$$

由费勒初等更新定理,当 $t \to \infty$ 时,$M_t \to \frac{t}{\mu}$. 自然地,可得到如下猜想:对于任意的时间间隔 s,当 $t \to \infty$ 时,是否都有

$$M_{t+s} - M_t \to \frac{t+s}{\mu} - \frac{t}{\mu} = \frac{s}{\mu}?$$

由这一猜想,可引出另一个重要的更新定理——布莱克韦尔(Blackwell)更新定理,在给出这个定理之前,先引入格点分布的概念.

定义 5.2(格点分布)　已知随机变量 X 服从格点分布,若存在 $d \geqslant 0$,使得

$$\sum_{n=0}^{\infty} P(X = nd) = 1,$$

则称满足上述条件的最大的 d 为这个格点分布的周期.

格点分布非常常见,常见的离散型随机变量的分布,比如二项分布和泊松分布,都属于格点分布.

定理 5.5(布莱克韦尔更新定理)　记 $\mu = E[X_n]$.

(i) 若 X_n 不服从格点分布,则对于任意的 $s \geqslant 0$,当 $t \to \infty$ 时,有

$$M_{t+s} - M_t \to \frac{s}{\mu}.$$

(ii) 若 X_n 服从格点分布,周期为 d,则当 $n\to\infty$ 时,有

$$P(\text{在 } nd \text{ 处发生更新})\to\frac{d}{\mu}.$$

直观解释如下:由沃尔德等式,有

$$E\left[\sum_{n=1}^{N_{t+s}} X_n\right]=E[X_1]E[N_{t+s}]=\mu E[N_{t+s}]=\mu M_{t+s}$$

和

$$E\left[\sum_{n=1}^{N_t} X_n\right]=E[X_1]E[N_t]=\mu E[N_t]=\mu M_t,$$

所以

$$M_{t+s}-M_t=\frac{E\left[\sum_{n=N_t+1}^{N_{t+s}} X_n\right]}{\mu}=\frac{E[T_{N_{t+s}}-T_{N_t}]}{\mu}.$$

因为$T_{N_t}\leqslant t<T_{N_t+1}$,$T_{N_{t+s}}\leqslant t+s<T_{N_{t+s}+1}$,所以$T_{N_{t+s}}-T_{N_t}$ 近似等于$(t+s)-t=s$. 详细证明略.

下面给出这两个更新定理之间的关系.

定理 5.6 如果已知布莱克韦尔更新定理成立,则费勒更新定理也成立.

【证明】 下面只证明 X_n 不服从格点分布时结论成立.

令$b_n=M_n-M_{n-1}$,则由布莱克韦尔更新定理可知$b_n\to\frac{1}{\mu}$,于是

$$\frac{b_1+b_2+\cdots+b_n}{n}=\frac{M_n}{n}\to\frac{1}{\mu}.$$

对任意的非负实数 t,因为$[t]\leqslant t<[t]+1$,其中$[t]$表示 t 的整数部分,可得$M_{[t]}\leqslant M_t\leqslant M_{[t]+1}$,于是

$$\frac{[t]}{t}\cdot\frac{M_{[t]}}{[t]}\leqslant\frac{M_t}{t}\leqslant\frac{[t]+1}{t}\cdot\frac{M_{[t]+1}}{[t]+1}.$$

令 $t\to\infty$,可得

$$\frac{M_t}{t}\to\frac{1}{\mu}.$$

习题五

1. 试说明泊松过程与更新过程的关系.

2. 试证明：$N_t \geqslant n \Leftrightarrow T_n \leqslant t$.

3. 当 X_n 服从格点分布时，试证明定理 5.6.

第六章 鞅过程

鞅过程于20世纪30年代首先由维尔(Ville,1939)引入,但是其基本概念来自法国概率学家列维(Lévy,1934),后来由美国数学家杜布(Doob)把鞅过程理论发扬光大. 1953年,杜布在其著作《随机过程》一书中系统性地介绍了鞅过程的研究成果. 随后,鞅过程作为核心工具被广泛应用于工程和金融等领域的实际问题,成为现代概率论和随机过程的基础理论,在决策和控制模型等方面具有重要应用价值.

"鞅"一词来源于法文 martingale 的意译. Martingale 原指马的笼套或者船的索具,后来被赌博者借用来表示一种"输后加倍下注直至获胜"的赌博方法(即倍赌策略). 概率学家研究发现,几乎所有公平赌博都具有类似倍赌策略的性质,这种性质被称为鞅性,而具有鞅性的随机过程就称为鞅过程. 因此,在概率论中,"鞅"最初是指描述"公平赌博"(fair game)的数学模型. 为叙述方便,下文中有时会将"鞅过程"简称为"鞅".

对于参与公平赌博的人来说,他们希望找到一种策略,使得在一系列赌博结束后能获得最大的期望收益. 然而数学证明表明:如果博弈过程是公平的(即每次赌博输赢概率相等),那么不存在能使期望收益最大化的赌博策略. 证明过程如下:

令$\{Y_n:n\geqslant 1\}$为一列独立同分布的随机变量,表示每次赌博的结果,其中1表示赢,-1表示输. 公平赌博意味着每次赌博输赢的概率都是相等的,均为1/2,即对任意的n,有

$$P(Y_n=1)=P(Y_n=-1)=\frac{1}{2}.$$

一般来说，赌博者每次下注的钱数(赌博的策略)是依赖于之前的赌博结果的，于是，每次的赌注可以用下面的随机变量序列描述：

$$b_n = b_n(Y_1, Y_2, \cdots, Y_{n-1}), \quad n \geqslant 2.$$

设X_0是该赌博者初始的赌资，那么，n 次赌博后该赌博者的赌资为

$$X_n = X_0 + \sum_{i=1}^{n} b_i Y_i.$$

下面证明 $E[X_{n+1} | Y_1, \cdots, Y_n] = X_n$. 因为

$$X_{n+1} = X_0 + \sum_{i=1}^{n+1} b_i Y_i = X_n + b_{n+1} Y_{n+1},$$

所以

$$\begin{aligned} E[X_{n+1} \mid Y_1, Y_2, \cdots, Y_n] &= E[X_n | Y_1, Y_2, \cdots, Y_n] \\ &\quad + E[b_{n+1} Y_{n+1} \mid Y_1, Y_2, \cdots, Y_n] \\ &= X_n + b_{n+1} E[Y_{n+1}] = X_n. \end{aligned}$$

进一步，可以得到

$$E[X_{n+1}] = E[E[X_{n+1} | Y_1, Y_2, \cdots, Y_n]] = E[X_n],$$

于是

$$E[X_{n+1}] = E[X_n] = E[X_{n-1}] = \cdots = E[X_1] = X_0.$$

这说明，每次赌博结束后，该赌博者拥有的赌资的期望值等于其初始拥有的赌资. 这就证明，若每次赌博的输赢概率是均等的，并且赌博策略依赖于之前的赌博结果，则赌博是公平的. 任何赌博者都不可能通过改变赌博策略将公平的赌博变成有利于自己的赌博.

下面再考虑不公平的赌博，即输赢的概率不相等的情况，以输的概率大于赢的概率为例进行介绍. 重复上面的过程，由于此时对任意的 n，

$$P(Y_n = 1) < P(Y_n = -1),$$

所以

$$E[Y_{n+1}] < 0,$$

可以得到

$$E[X_{n+1} | Y_1, \cdots, Y_n] \leqslant X_n.$$

于是

$$E[X_{n+1}] \leqslant E[X_n] \leqslant E[X_{n-1}] \leqslant \cdots \leqslant E[X_1] \leqslant X_0.$$

这说明,每次赌博结束后,该赌博者拥有的赌资的期望值都会低于其初始拥有的赌资;如果赢的概率大于输的概率,每次赌博结束后,该赌博者拥有的赌资的期望值都会高于其初始拥有的赌资.

6.1 鞅过程及其性质

根据上面的例子,下面给出时间参数是离散的情况下,鞅过程的一般定义.

定义 6.1 设$(\Omega,\mathcal{F},P)$是一个完备的概率空间,若

(i)$\{\mathcal{F}_n\}_{n\geqslant 0}$是$\mathcal{F}$的一列子$\sigma$域;

(ii)对任意的$n\geqslant 0$,$\mathcal{F}_n \subset \mathcal{F}_{n+1}$,

则称$\{\mathcal{F}_n\}_{n\geqslant 0}$为$\mathcal{F}$上的$\sigma$域流.

定义 6.2 若对于任意的$n\geqslant 0$,X_n关于$\mathcal{F}_n$是可测的,则称随机过程$\{X_n\}_{n\geqslant 0}$关于σ域流$\{\mathcal{F}_n\}_{n\geqslant 0}$是适应的.

定义 6.3(离散上鞅) 若对于$n\geqslant 0$,有

(i)$E[X_n^-]<+\infty$,其中$X_n^-=\max\{0,-X_n\}$;

(ii)$\{X_n\}_{n\geqslant 0}$关于σ域流$\{\mathcal{F}_n\}_{n\geqslant 0}$是适应的;

(iii)$E[X_{n+1}|\mathcal{F}_n]\leqslant X_n$,

则称随机过程$\{X_n\}_{n\geqslant 0}$是关于σ域流$\{\mathcal{F}_n\}_{n\geqslant 0}$的上鞅.

定义 6.4(离散下鞅) 若对于$n\geqslant 0$,有

(i)$E[X_n^+]<+\infty$,其中$X_n^+=\max\{0,X_n\}$;

(ii)$\{X_n\}_{n\geqslant 0}$关于σ域流$\{\mathcal{F}_n\}_{n\geqslant 0}$是适应的;

(iii)$E[X_{n+1}|\mathcal{F}_n]\geqslant X_n$,

则称随机过程$\{X_n\}_{n\geqslant 0}$是关于σ域流$\{\mathcal{F}_n\}_{n\geqslant 0}$的下鞅.

定义 6.5(离散鞅) 若对于$n\geqslant 0$,有

(i) $E[|X_n|]<+\infty$；

(ii) $\{X_n\}_{n\geq 0}$关于σ域流$\{\mathcal{F}_n\}_{n\geq 0}$是适应的；

(iii) $E[X_{n+1}|\mathcal{F}_n]=X_n$，

则称随机过程$\{X_n\}_{n\geq 0}$是关于σ域流$\{\mathcal{F}_n\}_{n\geq 0}$的离散鞅.

由鞅过程的定义不难看出，随机过程$\{X_n\}_{n\geq 0}$是关于σ域流$\{\mathcal{F}_n\}_{n\geq 0}$的鞅的充要条件是它既是上鞅又是下鞅.

☞**命题 6.1**　(i)若$\{X_n\}_{n\geq 0}$是关于σ域流$\{\mathcal{F}_n\}_{n\geq 0}$的下鞅，则$\{-X_n\}_{n\geq 0}$是关于$\sigma$域流$\{\mathcal{F}_n\}_{n\geq 0}$的上鞅；

(ii)若$\{X_n\}_{n\geq 0}$和$\{Y_n\}_{n\geq 0}$是关于σ域流$\{\mathcal{F}_n\}_{n\geq 0}$的下鞅，$a$和$b$是两个正数，则$\{aX_n+bY_n\}_{n\geq 0}$是关于$\sigma$域流$\{\mathcal{F}_n\}_{n\geq 0}$的下鞅；

(iii)若$\{X_n\}_{n\geq 0}$和$\{Y_n\}_{n\geq 0}$是关于σ域流$\{\mathcal{F}_n\}_{n\geq 0}$的下鞅. 则$\{\max(X_n,Y_n)\}_{n\geq 0}$是关于$\sigma$域流$\{\mathcal{F}_n\}_{n\geq 0}$的下鞅.

【证明】　(i)对于任意的$n\geq 0$，有

$$E[(-X_n)^-]=E[\max\{0,-(-X_n)\}]=E[\max\{0,X_n\}]<+\infty.$$

另外，

$$E[-X_{n+1}|\mathcal{F}_n]=-E[X_{n+1}|\mathcal{F}_n]\leq -X_n.$$

(ii)对于任意的$n\geq 0$，有

$$\begin{aligned}E[(aX_n+bY_n)^+]&=E[\max\{0,aX_n+bY_n\}]\\&\leq E[\max\{0,aX_n\}]+E[\max\{0,bY_n\}]\\&=aE[\max\{0,X_n\}+bE[\max\{0,Y_n\}]\\&=aE[X_n^+]+bE[Y_n^+]<+\infty.\end{aligned}$$

另外，

$$E[aX_{n+1}+bY_{n+1}|\mathcal{F}_n]=aE[X_{n+1}|\mathcal{F}_n]+bE[Y_{n+1}|\mathcal{F}_n]\geq aX_n+bY_n.$$

(iii)对于任意的$n\geq 0$，有

$$\begin{aligned}E[(\max\{X_n,Y_n\})^+]&=E[\max\{0,\max\{X_n,Y_n\}\}]\\&=E[\max\{\max\{0,X_n\},\max\{0,Y_n\}\}]\end{aligned}$$

$$\begin{aligned}&\leqslant E[\max\{0,X_n\}+\max\{0,Y_n\}]\\&=E[\max\{0,X_n\}]+E[\max\{0,Y_n\}]\\&=E[X_n^+]+E[Y_n^+]<+\infty.\end{aligned}$$

另外,

$$E[\max\{X_{n+1},Y_{n+1}\}\mid\mathcal{F}_n]\geqslant E[X_{n+1}\mid\mathcal{F}_n]\geqslant X_n,$$

且

$$E[\max\{X_{n+1},Y_{n+1}\}\mid\mathcal{F}_n]\geqslant E[Y_{n+1}\mid\mathcal{F}_n]\geqslant Y_n,$$

因此

$$\begin{aligned}E[\max\{X_{n+1},Y_{n+1}\}\mid\mathcal{F}_n]&\geqslant\max\{E[X_{n+1}\mid\mathcal{F}_n],E[Y_{n+1}\mid\mathcal{F}_n]\}\\&\geqslant\max\{X_n,Y_n\}.\end{aligned}$$

定理 6.1(上鞅分解定理) 若$\{X_n\}_{n\geqslant0}$是关于σ域流$\{\mathcal{F}_n\}_{n\geqslant0}$的上鞅,则存在唯一的一个分解

$$X_n=M_n-A_n,$$

其中$\{M_n\}_{n\geqslant0}$是鞅过程,$\{A_n\}_{n\geqslant0}$是单调递增过程,即$A_0=0$,$A_n\leqslant A_{n+1}$,且$\sigma(A_n)\subset\mathcal{F}_{n-1}$.

【证明】 令

$$M_n=\sum_{i=0}^{n}X_i-\sum_{i=0}^{n}E[X_i\mid\mathcal{F}_{i-1}],$$

$$A_n=\sum_{i=0}^{n-1}X_i-\sum_{i=0}^{n}E[X_i\mid\mathcal{F}_{i-1}],$$

则

$$X_n=M_n-A_n.$$

例 6.1 设随机变量序列$\{Y_n\}_{n\geqslant1}$相互独立,均值均为 0,且$E[|Y_n|]<+\infty$. 令

$$X_0=0,\quad X_n=\sum_{i=1}^{n}Y_i,$$

$$\mathcal{F}_n=\sigma(Y_1,Y_2,\cdots,Y_n),$$

则$\{X_n\}_{n\geqslant0}$是关于σ域流$\{\mathcal{F}_n\}_{n\geqslant0}$的鞅.

【证明】 对于任意的 $n \geqslant 0$，有

$$E[|X_n|]=E\left[\left|\sum_{i=1}^{n}Y_i\right|\right]\leqslant\sum_{i=1}^{n}E[|Y_i|]<+\infty,$$

另外，

$$E[X_{n+1}|\mathcal{F}_n]=E\left[\sum_{i=1}^{n+1}Y_i|\mathcal{F}_n\right]=E\left[\sum_{i=1}^{n}Y_i+Y_{n+1}|\mathcal{F}_n\right]$$
$$=X_n+E[Y_{n+1}]=X_n.$$

例 6.2(倍赌策略模型) 对于利用抛硬币决定赌博输赢的公平赌博问题，令 $Y_n=1$ 表示第 n 次赌博硬币出现正面，$Y_n=-1$ 表示第 n 次赌博硬币出现反面. 若硬币出现正面，则赌徒赢. 若赌徒的策略是第 1 次押 1 元，以后每次的赌注都比上一次翻倍. 只要中途赢了，赌博就停止. 记第 n 次赌博后赌徒所赢的总钱数为 X_n，试验证 $\{X_n\}_{n\geqslant 0}$ 是关于 σ 域流 $\{\mathcal{F}_n\}_{n\geqslant 0}$ 的鞅，其中 $\mathcal{F}_n:=\sigma(Y_1,Y_2,\cdots,Y_n)$.

【证明】 设 A_n^1 表示第 n 次及之前就赢过，此时 $X_n=1$.

A_n^2 表示第 n 次及之前一直输，此时 $X_n=-(2^n-1)$.

A_{n+1}^{21} 表示第 $(n+1)$ 次及之前一直输，此时 $X_{n+1}=-(2^{n+1}-1)$.

A_{n+1}^{22} 表示第 n 次及之前一直输，但是第 $(n+1)$ 次赢了，此时 $X_{n+1}=1$.

显然

$$A_n^2=A_{n+1}^{21}\cup A_{n+1}^{22},$$
$$X_n=1\cdot I_{A_n^1}+[-(2^n-1)]\cdot I_{A_n^2},$$
$$X_{n+1}=1\cdot I_{A_n^1}+[-(2^{n+1}-1)]\cdot I_{A_{n+1}^{21}}+I_{A_{n+1}^{22}},$$

$$\begin{aligned}E[X_{n+1}|\mathcal{F}_n]&=E[X_{n+1}|A_n^1]\cdot I_{A_n^1}+E[X_{n+1}|A_n^2]\cdot I_{A_n^2}\\&=\frac{E[X_{n+1}\cdot I_{A_n^1}]}{P(A_n^1)}\cdot I_{A_n^1}+\frac{E[X_{n+1}\cdot I_{A_n^2}]}{P(A_n^2)}\cdot I_{A_n^2}\\&=\frac{E[X_{n+1}\cdot I_{A_n^1}]}{P(A_n^1)}\cdot I_{A_n^1}+\frac{E[X_{n+1}\cdot I_{A_{n+1}^{21}}+X_{n+1}\cdot I_{A_{n+1}^{22}}]}{P(A_n^2)}\cdot I_{A_n^2}\\&=I_{A_n^1}+\frac{[-(2^{n+1}-1)]P(A_{n+1}^{21})+P(A_{n+1}^{22})}{P(A_n^2)}\cdot I_{A_n^2}.\end{aligned}$$

因为 $P(A_{n+1}^{21})=P(A_{n+1}^{22})=\frac{1}{2}P(A_n^2)$，所以

$$E[X_{n+1}|\mathcal{F}_n]=I_{A_n^1}+[-(2^n-1)]\cdot I_{A_n^2}=X_n,$$

则$\{X_n\}_{n\geqslant 0}$是关于 σ 域流$\{\mathcal{F}_n\}_{n\geqslant 0}$的鞅.

例 6.3[波利亚(Polya)传染病模型] 考虑一个装有黑、白两种颜色球的盒子,假设最初盒子里黑色球有m_1个、白色球有m_2个. 每次从盒子中抽取一个球,抽取完将球放回的同时再向盒子中加入一个跟抽取出来的球同色的球. 以Y_n表示第 n 次抽取后盒子中黑球的个数,则$\{Y_n\}_{n\geqslant 0}$是马尔可夫链,其转移概率为

$$P(Y_{n+1}=k+1|X_n=k)=\frac{k}{n+m_1+m_2},$$

$$P(Y_{n+1}=k|X_n=k)=\frac{n+m_1+m_2-k}{n+m_1+m_2}.$$

令X_n表示第 n 次抽取后黑球所占的比例,即

$$X_n=\frac{Y_n}{n+m_1+m_2},$$

则$\{X_n\}_{n\geqslant 0}$是关于 σ 域流$\{\mathcal{F}_n\}_{n\geqslant 0}$的鞅,其中$\mathcal{F}_n:=\sigma(Y_1,Y_2,\cdots,Y_n)$.

【证明】 首先,有

$$\begin{aligned}E[Y_{n+1}|Y_n]&=E[Y_{n+1}|Y_n=k]|_{k=Y_n}\\&=\left[(k+1)\cdot\frac{k}{n+m_1+m_2}+k\cdot\frac{n+m_1+m_2-k}{n+m_1+m_2}\right]\bigg|_{k=Y_n}\\&=\left[k+\frac{k}{n+m_1+m_2}\right]\bigg|_{k=Y_n}=Y_n+\frac{Y_n}{n+m_1+m_2}.\end{aligned}$$

又因为$\{Y_n\}_{n\geqslant 0}$是马尔可夫链,所以

$$\begin{aligned}E[X_{n+1}|\mathcal{F}_n]&=E[X_{n+1}|Y_n]=E\left[\frac{Y_{n+1}}{n+1+m_1+m_2}\bigg|Y_n\right]\\&=\frac{Y_n}{n+m_1+m_2}=X_n,\end{aligned}$$

因此$\{X_n\}_{n\geqslant 0}$是关于 σ 域流$\{\mathcal{F}_n\}_{n\geqslant 0}$的鞅.

此模型由波利亚首次引入,用于描述传染病的传播现象.

类似于离散鞅,当时间参数是连续区间时,也有连续鞅的概念.

定义 6.6 设$(\Omega,\mathcal{F}_T,P)$是一个完备的概率空间,若

(i)$\{\mathcal{F}_t\}_{0\leqslant t\leqslant T}$是$\mathcal{F}$的一列子$\sigma$域;

(ii)对于任意的$0\leqslant t\leqslant s\leqslant T$,$\mathcal{F}_t\subset\mathcal{F}_s$,

则称$\{\mathcal{F}_t\}_{0\leqslant t\leqslant T}$为$\mathcal{F}_T$上的$\sigma$域流.

定义 6.7 若对于任意的$0\leqslant t\leqslant T$,X_t关于$\mathcal{F}_t$是可测的,则称随机过程$\{X_t\}_{0\leqslant t\leqslant T}$关于$\sigma$域流$\{\mathcal{F}_t\}_{0\leqslant t\leqslant T}$是适应的.

定义 6.8(连续鞅) 若对于任意的$0\leqslant t\leqslant s\leqslant T$,有

(i)$E[|X_t|]<+\infty$;

(ii)$\{X_t\}_{0\leqslant t\leqslant T}$关于$\sigma$域流$\{\mathcal{F}_t\}_{0\leqslant t\leqslant T}$是适应的;

(iii)$E[X_s|\mathcal{F}_t]=X_t$,

则称随机过程$\{X_t\}_{0\leqslant t\leqslant T}$是关于$\sigma$域流$\{\mathcal{F}_t\}_{0\leqslant t\leqslant T}$的连续鞅.

类似地,也可以定义连续上鞅和连续下鞅,这里就不再赘述了.

6.2 条件琴生不等式

定理 6.2(条件琴生不等式) 若φ是实数域上的凸函数,随机变量X满足$E[|X|]<+\infty$且$E[|\varphi(X)|]<+\infty$,则对于任意的σ域流$\{\mathcal{F}_t\}_{0\leqslant t\leqslant T}$,有

$$E[\varphi(X)|\mathcal{F}_t]\geqslant\varphi(E[X|\mathcal{F}_t]).$$

【证明】 因为φ是凸函数,所以

$$\varphi(x)\geqslant\varphi(x_0)+\varphi'(x_0)(x-x_0).$$

令$x=X$,$x_0=E[X|\mathcal{F}_t]$,于是

$$\varphi(X)\geqslant\varphi(E[X|\mathcal{F}_t])+\varphi'(E[X|\mathcal{F}_t])(X-E[X|\mathcal{F}_t]),$$

等式两边关于$\mathcal{F}_t$取条件期望,得

$$\begin{aligned}E[\varphi(X)|\mathcal{F}_t]&\geqslant\varphi(E[X|\mathcal{F}_t])+\varphi'(E[X|\mathcal{F}_t])E[(X-E[X|\mathcal{F}_t])|\mathcal{F}_t]\\&=\varphi(E[X|\mathcal{F}_t]).\end{aligned}$$

条件琴生不等式是琴生不等式的推广.

☞命题 6.2 设$\{X_t\}_{0\leqslant t\leqslant T}$是关于$\sigma$域流$\{\mathcal{F}_t\}_{0\leqslant t\leqslant T}$的鞅,$\varphi$是实数域$\mathbf{R}$上的凸函数且满足对于任意的$0\leqslant t\leqslant T$,有$E[\varphi(X_t)^+]<+\infty$,则$\{\varphi(X_t)\}_{0\leqslant t\leqslant T}$是关于$\sigma$域流$\{\mathcal{F}_t\}_{0\leqslant t\leqslant T}$的下鞅. 特别地,若$\{X_t\}_{0\leqslant t\leqslant T}$是关于$\sigma$域流$\{\mathcal{F}_t\}_{0\leqslant t\leqslant T}$的鞅,则$\{|X_t|\}_{0\leqslant t\leqslant T}$,$\{e^{X_t}\}_{0\leqslant t\leqslant T}$和$\{X_t^2\}_{0\leqslant t\leqslant T}$都是关于$\sigma$域流$\{\mathcal{F}_t\}_{0\leqslant t\leqslant T}$的下鞅.

【证明】 由于鞅定义中的前两个条件自然满足,因此只需要验证第三个条件$E[\varphi(X_s)|\mathcal{F}_t]\geqslant\varphi(X_t)$即可. 由定理 6.2,对于任意的$0\leqslant t\leqslant s\leqslant T$,有

$$E[\varphi(X_s)|\mathcal{F}_t]\geqslant\varphi(E[X_s|\mathcal{F}_t])=\varphi(X_t).$$

习题六

1. 若$\{X_n\}_{n\geqslant 0}$是关于σ域流$\{\mathcal{F}_n\}_{n\geqslant 0}$的下鞅,已知$E[X_0]=1$,求$E[X_3+2]$.

2. 已知$\{X_n\}_{n\geqslant 0}$是关于σ域流$\{\mathcal{F}_n\}_{n\geqslant 0}$的鞅,随机变量$Z$关于$\sigma$域流$\{\mathcal{F}_n\}_{n\geqslant 0}$独立且$E[|Z|]<+\infty$,试判断$\{X_n+Z\}_{n\geqslant 0}$是否为关于$\sigma$域流$\{\mathcal{F}_n\}_{n\geqslant 0}$的鞅.

3. 在波利亚传染病模型中,同样考虑一个装有黑、白两种颜色球的盒子,如果最初盒子中装有黑、白球各一个,每次随机抽取一球后,将此球放回且再放入同样颜色的两个球. 以Y_n表示第n次抽取后盒子中的黑球数,X_n表示第n次抽取后黑球所占的比例,$\mathcal{F}_n:=\sigma(Y_1,Y_2,\cdots,Y_n)$,试验证$\{X_n\}_{n\geqslant 0}$是否为关于$\sigma$域流$\{\mathcal{F}_n\}_{n\geqslant 0}$的鞅.

第七章　维纳过程及伊藤(Itô)公式

布朗运动最早是在 1827 年由英国植物学家布朗发现的，但是从这种运动被发现到数学家给出其严谨的数学定义却经历了将近 100 年的时间.

1905 年，爱因斯坦(Einstein)在其论文《热的分子运动论所要求的静止液体中悬浮粒子的运动》中，推导出了控制布朗运动的扩散方程，并对分子的大小及其他物理参数进行了估计. 在此之前，1900 年，巴舍利耶(Bachelier)在他的论文中计算出了现在所知的布朗运动背后的随机过程与扩散方程在数学上的联系，此结果比爱因斯坦得出的结果早了 5 年. 1918 年，维纳最终给出了布朗运动严谨的数学定义，因此，布朗运动也被数学家们称为维纳过程.

在布莱克(Black)和舒尔斯(Scholes)于 1973 年发表著名论文《期权定价和公司负债》的 73 年前，巴舍利耶已经推导出了一种期权的价格，并得出了现在所谓的"障碍期权"(即股价是否越过障碍的期权)的价格. 布莱克和舒尔斯基于奥斯本(Osborne)和萨缪尔森(Samuelson)的观点，将股价建模为一个被称为几何布朗运动的随机过程.

现在，股价行为模型通常用维纳过程来表达. 维纳过程是马尔可夫过程的一种特殊形式. 下面先介绍一种最简单的维纳过程，即基本维纳过程.

7.1 基本维纳过程及其性质

要理解遵循维纳过程的变量 W 的行为，可以考虑在小时间间隔上变量值 w 的变化. 设一个小的时间间隔为 Δt，定义 Δw 为 Δt 时间内 w 的变化. 要使 W 遵循维纳过程，ΔW 必须满足下面两条基本性质：

性质 7.1 ΔW 与 Δt 的关系满足

$$\Delta W=\varepsilon\sqrt{\Delta t},$$

其中 ε 服从标准正态分布.

性质 7.2 对于任何两个没有交集的时间间隔 Δt_1 和 Δt_2，ΔW_1 和 ΔW_2 相互独立.

下面考虑在一段时间 T 上 W 的增加值，记为 W_T-W_0. 它可以看作是 N 个长度为 Δt 的小的时间间隔 ΔW 的总增加量. 这里

$$\Delta t:=\frac{T}{N},$$

因此

$$W_T-W_0=\sum_{i=1}^{N}\varepsilon_i\sqrt{\Delta t}.$$

由性质 7.2 可知，ε_i 是相互独立的，因此可以得到 W_T-W_0 是服从正态分布的，于是

$$E[W_T-W_0]=0,$$

$$\operatorname{var}(W_T-W_0)=\Delta t\left(\sum_{i=1}^{N}\operatorname{var}(\varepsilon_i)\right)=N\Delta t=T,$$

$$\sigma(W_T-W_0)=\sqrt{T}.$$

也就是说，在任意时间长度为 T 的时间间隔上，遵循维纳过程的增量服从均值为 0、方差为 T（标准差为 $\sqrt{T}$）的正态分布.

下面给出基本维纳过程的严格定义.

定义 7.1(基本维纳过程) 若

(i) $W_0=0$;

(ii) $\{W_t\}_{t\geqslant 0}$ 具有平稳独立增量；

(iii) 对于任意的 $s,t\geqslant 0$，W_t-W_s 服从正态分布 $N(0,t-s)$，

则称随机过程$\{W_t\}_{t\geqslant 0}$ 为基本维纳过程.

定义 7.2(二次变差) 若$\{W_t\}_{t\geqslant 0}$ 是基本维纳过程，$\{t_i^n\}_{i=0,1,\cdots,n}$ 是时间段$[0,t]$上的一个分割(其中$t_0^n:=0,t_n^n:=t$)，则$\{W_t\}_{t\geqslant 0}$ 的二次变差为

$$\langle W\rangle_t:=\lim_{\Delta_n\to 0}\sum_{i=0}^{n-1}(W_{t_{i+1}^n}-W_{t_i^n})^2,$$

其中$\Delta_n:=\max\limits_{0\leqslant i\leqslant n-1}(t_{i+1}^n-t_i^n)$.

定理 7.1 $\langle W\rangle_t=t$.

【证明】 取区间$[0,t]$上的一系列分割$\{t_i^n\}_{i=0,1,\cdots,n}(n=0,1,\cdots)$，记

$$S_n=\sum_{i=0}^{n-1}(W_{t_{i+1}^n}-W_{t_i^n})^2,$$

则

$$E[S_n]=\sum_{i=0}^{n-1}E[(W_{t_{i+1}^n}-W_{t_i^n})^2]=\sum_{i=0}^{n-1}(t_{i+1}^n-t_i^n)=t,$$

$$\begin{aligned}\operatorname{var}(S_n)&=\operatorname{var}\left(\sum_{i=0}^{n-1}(W_{t_{i+1}^n}-W_{t_i^n})^2\right)=\sum_{i=0}^{n-1}\operatorname{var}((W_{t_{i+1}^n}-W_{t_i^n})^2)\\&=\sum_{i=0}^{n-1}\operatorname{var}\left(\left(\frac{W_{t_{i+1}^n}-W_{t_i^n}}{\sqrt{t_{i+1}^n-t_i^n}}\right)^2\right)(t_{i+1}^n-t_i^n)^2.\end{aligned}$$

因为$W_{t_{i+1}^n}-W_{t_i^n}\sim N(0,t_{i+1}^n-t_i^n)$，所以

$$\frac{W_{t_{i+1}^n}-W_{t_i^n}}{\sqrt{t_{i+1}^n-t_i^n}}\sim N(0,1),$$

于是

$$\left(\frac{W_{t_{i+1}^n}-W_{t_i^n}}{\sqrt{t_{i+1}^n-t_i^n}}\right)^2\sim\chi^2(1).$$

因为 $E[\chi^2(n)]=n$，$\operatorname{var}(\chi^2(n))=2n$，所以

$$\operatorname{var}\left(\left(\frac{W_{t_{i+1}^n}-W_{t_i^n}}{\sqrt{t_{i+1}^n-t_i^n}}\right)^2\right)=2.$$

所以

$$\mathrm{var}(S_n)=\sum_{i=0}^{n-1}2\,(t_{i+1}^n-t_i^n)^2\leqslant 2\max_i(t_{i+1}^n-t_i^n)\left[\sum_{i=0}^{n-1}(t_{i+1}^n-t_i^n)\right]=2t\,\Delta_n,$$

因此

$$\lim_{n\to\infty}\mathrm{var}(S_n)=0.$$

所以$S_n\to t$. 故$\langle W\rangle_t=t$.

思考 $\langle W\rangle_t$ 和W_t^2一样吗？

在本章剩余部分，若没有特殊说明，$\mathcal{F}_t:=\sigma(W_s:0\leqslant s\leqslant t)$.

定理 7.2 若$\{W_t\}_{t\geqslant 0}$是基本维纳过程，则

(i) $\{W_t\}_{t\geqslant 0}$是关于$\{\mathcal{F}_t\}_{t\geqslant 0}$的鞅；

(ii) $\{W_t^2-t\}_{t\geqslant 0}$是关于$\{\mathcal{F}_t\}_{t\geqslant 0}$的鞅；

(iii) 对于任意的实数γ，$\{\mathrm{e}^{\gamma W_t-\frac{\gamma^2}{2}t}\}_{t\geqslant 0}$是关于$\{\mathcal{F}_t\}_{t\geqslant 0}$的鞅.

【证明】 (i) 由赫尔德不等式，可得

$$E[|W_t|]\leqslant(E[W_t^2])^{\frac{1}{2}}=(\mathrm{var}(W_t))^{\frac{1}{2}}=\sqrt{t}<+\infty.$$

同时，还可以得到

$$E[W_{t+s}|\mathcal{F}_t]=E[W_t+(W_{t+s}-W_t)|\mathcal{F}_t]=W_t+E[W_{t+s}-W_t]=W_t,$$

所以$\{W_t\}_{t\geqslant 0}$是关于$\{\mathcal{F}_t\}_{t\geqslant 0}$的鞅.

(ii) 首先，我们有

$$E[|W_t^2-t|]\leqslant E[W_t^2]+t=2t<+\infty.$$

同时，还可以得到

$$\begin{aligned}E[W_{t+s}^2-(t+s)|\mathcal{F}_t]&=E[[W_t+(W_{t+s}-W_t)]^2-(t+s)|\mathcal{F}_t]\\&=E[W_t^2-t+2W_t(W_{t+s}-W_t)+(W_{t+s}-W_t)^2-s|\mathcal{F}_t]\\&=W_t^2-t+2W_tE[W_{t+s}-W_t|\mathcal{F}_t]+E[(W_{t+s}-W_t)^2|\mathcal{F}_t]-s\\&=W_t^2-t,\end{aligned}$$

所以$\{W_t^2-t\}_{t\geqslant 0}$是关于$\{\mathcal{F}_t\}_{t\geqslant 0}$的鞅.

(iii) 首先，因为W_t服从正态分布$N(0,t)$，因此有

$$E[e^{\gamma W_t-\frac{\gamma^2}{2}t}]=\int_{-\infty}^{+\infty} e^{\gamma x-\frac{\gamma^2}{2}t}\frac{1}{\sqrt{2\pi t}}e^{-\frac{x^2}{2t}}dx=\int_{-\infty}^{+\infty}\frac{1}{\sqrt{2\pi t}}e^{-\frac{(x-\gamma t)^2}{2t}}dx=1<+\infty.$$

其次,因为

$$\begin{aligned}E[e^{\gamma W_{t+s}-\frac{\gamma^2}{2}(t+s)}\mid\mathcal{F}_t]&=E[e^{\gamma W_t-\frac{\gamma^2}{2}t}e^{\gamma(W_{t+s}-W_t)-\frac{\gamma^2}{2}s}\mid\mathcal{F}_t]\\&=e^{\gamma W_t-\frac{\gamma^2}{2}t}E[e^{\gamma(W_{t+s}-W_t)-\frac{\gamma^2}{2}s}\mid\mathcal{F}_t]\\&=e^{\gamma W_t-\frac{\gamma^2}{2}t}E[e^{\gamma(W_{t+s}-W_t)-\frac{\gamma^2}{2}s}]\\&=e^{\gamma W_t-\frac{\gamma^2}{2}t}E[e^{\gamma W_s-\frac{\gamma^2}{2}s}]\\&=e^{\gamma W_t-\frac{\gamma^2}{2}t},\end{aligned}$$

所以$\{e^{\gamma W_t-\frac{\gamma^2}{2}t}\}_{t\geqslant 0}$是关于$\{\mathcal{F}_t\}_{t\geqslant 0}$的鞅.

7.2　伊藤积分及其性质

本节将引入关于基本维纳过程的伊藤积分. 下面首先给出简单随机过程的定义.

定义 7.3(简单随机过程)　若存在时间段$[0,T]$上的一个分割$0=t_0<t_1<\cdots<t_n=T$和随机变量$\xi_0,\xi_1,\cdots,\xi_{n-1}$,满足

(i)ξ_0是常数;

(ii)对于$i=1,2,\cdots,n-1$,ξ_i依赖于$W_t(t\leqslant t_i)$,不依赖于$W_t(t>t_i)$;

(iii)$\varphi_t=\xi_0 I_{[0,t_1]}+\sum_{i=1}^{n-1}\xi_i I_{(t_i,t_{i+1}]}$,

则称$\{\varphi_t\}_{0\leqslant t\leqslant T}$为简单随机过程.

定义 7.4(简单随机过程的伊藤积分)　已知$\{\varphi_t\}_{0\leqslant t\leqslant T}$是简单随机过程,则它的伊藤积分定义为

$$\int_0^T\varphi_t dW_t:=\sum_{i=0}^{n-1}\xi_i(W_{t_{i+1}}-W_{t_i}).$$

定义集合V为

$$V:=\left\{\{X_t\}_{t\geqslant 0}:\{X_t\}_{t\geqslant 0}\text{ 关于}\{\mathcal{F}_t\}_{t\geqslant 0}\text{ 适应且对任意的 }T\geqslant 0,\text{有 }E\left[\int_0^T X_t^2dt\right]<+\infty\right\}.$$

定义 7.5(一般随机过程的伊藤积分) 对于随机过程$\{X_t\}_{t\geqslant 0}\in V$,它的伊藤积分定义为

$$\int_0^T X_t\,\mathrm{d}W_t := \lim_{n\to\infty}\int_0^T \varphi_t^n\,\mathrm{d}W_t,$$

其中$(\{\varphi_t^n\}_{t\geqslant 0})_{n=1,2,\cdots}$是简单随机过程序列,且满足

$$\lim_{n\to\infty} E\left[\int_0^T (\varphi_t^n - X_t)^2\,\mathrm{d}t\right]=0.$$

☞ **命题 7.1(伊藤积分的性质)** (i)线性:对于任意的常数α和β,有

$$\int_0^T(\alpha X_t+\beta Y_t)\,\mathrm{d}W_t=\alpha\int_0^T X_t\,\mathrm{d}W_t+\beta\int_0^T Y_t\,\mathrm{d}W_t.$$

(ii)可加性:对于任意的常数$0\leqslant s\leqslant t$,有

$$\int_0^s X_r\,\mathrm{d}W_r+\int_s^t X_r\,\mathrm{d}W_r=\int_0^t X_r\,\mathrm{d}W_r.$$

(iii)零均值性:

$$E\left[\int_0^T X_t\,\mathrm{d}W_t\right]=0.$$

(iv)等距性:

$$E\left[\left(\int_0^T X_t\,\mathrm{d}W_t\right)^2\right]=\int_0^T E[X_t^2]\,\mathrm{d}t.$$

【证明】 当X_t和Y_t是简单随机过程时,性质(i)~(iii)显然成立,因此下面仅证明当$\{X_t\}_{0\leqslant t\leqslant T}$是简单随机过程时的性质(iv).

因为$\{X_t\}_{0\leqslant t\leqslant T}$是简单随机过程,所以$\int_0^T X_t\,\mathrm{d}W_t$可以写成

$$\int_0^T X_t\,\mathrm{d}W_t=\sum_{i=0}^{n-1}\xi_i(W_{t_{i+1}}-W_{t_i}).$$

首先,

$$\begin{aligned}E\left[\int_0^T X_t\,\mathrm{d}W_t\right]&=\sum_{i=0}^{n-1}E[\xi_i(W_{t_{i+1}}-W_{t_i})]\\&=\sum_{i=0}^{n-1}E[\xi_i E[W_{t_{i+1}}-W_{t_i}\mid\mathcal{F}_{t_i}]]=0,\end{aligned}$$

所以

$$E\left[\left(\int_0^T X_t\,\mathrm{d}W_t\right)^2\right]=\mathrm{var}\left(\int_0^T X_t\,\mathrm{d}W_t\right).$$

其次，

$$\begin{aligned}\operatorname{var}\left(\int_0^T X_t \mathrm{d}W_t\right) &= E\left[\left[\sum_{i=0}^{n-1} \xi_i (W_{t_{i+1}} - W_{t_i})\right]^2\right] \\ &= \sum_{i=0}^{n-1} E[\xi_i^2 (W_{t_{i+1}} - W_{t_i})^2] \\ &\quad + \sum_{i\neq j} E[\xi_i \xi_j (W_{t_{i+1}} - W_{t_i})(W_{t_{j+1}} - W_{t_j})] \\ &= \sum_{i=0}^{n-1} E[\xi_i^2 (W_{t_{i+1}} - W_{t_i})^2] \\ &= \sum_{i=0}^{n-1} E[\xi_i^2 E[(W_{t_{i+1}} - W_{t_i})^2 \mid \mathcal{F}_{t_i}]] \\ &= \sum_{i=0}^{n-1} E[\xi_i^2] E[(W_{t_{i+1}} - W_{t_i})^2] \\ &= \sum_{i=0}^{n-1} E[\xi_i^2](t_{i+1} - t_i).\end{aligned}$$

另外，因为

$$\begin{aligned}\int_0^T E[X_t^2]\mathrm{d}t &= \int_0^T E\left[\xi_0^2 I_{[0,t_1]} + \sum_{i=1}^{n-1} \xi_i^2 I_{(t_i,t_{i+1}]}\right]\mathrm{d}t \\ &= \int_0^T \left[E[\xi_0^2] I_{[0,t_1]} + \sum_{i=1}^{n-1} E[\xi_i^2] I_{(t_i,t_{i+1}]}\right]\mathrm{d}t \\ &= E[\xi_0^2](t_1 - t_0) + \sum_{i=1}^{n-1} E[\xi_i^2](t_{i+1} - t_i) \\ &= \sum_{i=0}^{n-1} E[\xi_i^2](t_{i+1} - t_i),\end{aligned}$$

所以

$$E\left[\left(\int_0^T X_t \mathrm{d}W_t\right)^2\right] = \operatorname{var}\left(\int_0^T X_t \mathrm{d}W_t\right) = \int_0^T E[X_t^2]\mathrm{d}t.$$

定理 7.3　对于随机过程$\{X_t\}_{t\geqslant 0} \in V$，它的伊藤积分

$$Y_t = \int_0^t X_s \mathrm{d}W_s$$

是一个鞅.

【证明】　首先，由赫尔德不等式和伊藤积分的等距性得，对于任意的

t，有

$$E[|Y_t|]=E\left[\left|\int_0^t X_s\mathrm{d}W_s\right|\right]\leqslant\left(E\left[\left(\int_0^t X_s\mathrm{d}W_s\right)^2\right]\right)^{\frac{1}{2}}$$
$$=\left(\int_0^t E[X_s^2]\mathrm{d}s\right)^{\frac{1}{2}}<+\infty.$$

其次，

$$E[Y_{t+s}\mid\mathcal{F}_t]=E[Y_t+(Y_{t+s}-Y_t)\mid\mathcal{F}_t]$$
$$=Y_t+E\left[\int_t^{t+s}X_r\mathrm{d}W_r\mid\mathcal{F}_t\right]=Y_t+E\left[\int_t^{t+s}X_r\mathrm{d}W_r\right]$$
$$=Y_t+E\left[\int_0^{t+s}X_r\mathrm{d}W_r\right]-E\left[\int_0^t X_r\mathrm{d}W_r\right]=Y_t.$$

引理 7.1 设 g 是有界连续函数，$\{t_i^n\}_{\{i=0,1,\cdots,n\}}$ 是时间段$[0,t]$上的一个分割(其中$t_0^n:=0,t_n^n:=t$)，则对于任意的$\theta_i^n\in(W_{t_i^n},W_{t_{i+1}^n})$，有

$$\lim_{\Delta_n\to 0}\sum_{i=0}^{n-1}g(\theta_i^n)(W_{t_{i+1}^n}-W_{t_i^n})^2=\int_0^t g(W_s)\mathrm{d}s.$$

证明略.

在引理 7.1 中，若 $g\equiv 1$，则

$$\langle W\rangle_t=\lim_{\Delta_n\to 0}\sum_{i=0}^{n-1}(W_{t_{i+1}^n}-W_{t_i^n})^2=\int_0^t 1\mathrm{d}s=t.$$

因为当$\Delta_n\to 0$ 时，$W_{t_{i+1}^n}-W_{t_i^n}$ 可以看成 $\mathrm{d}W_s$，所以上式又可以写成

$$\langle W\rangle_t=\int_0^t(\mathrm{d}W_s)^2=\int_0^t 1\mathrm{d}s.$$

定理 7.4(伊藤公式) 若 f 是二阶连续可微函数，则对于任意的 t，有

$$f(W_t)=f(0)+\int_0^t f'(W_s)\mathrm{d}W_s+\frac{1}{2}\int_0^t f''(W_s)\mathrm{d}s.$$

【证明】 任取时间段$[0,t]$上的一个分割$\{t_i^n\}_{\{i=0,1,\cdots,n\}}$(其中$t_0^n:=0$，$t_n^n:=t$)，则有

$$f(W_t)=f(0)+\sum_{i=0}^{n-1}(f(W_{t_{i+1}^n})-f(W_{t_i^n})).$$

对 $f(W_{t_{i+1}^n})-f(W_{t_i^n})$ 用泰勒公式可得

$$f(W_{t_{i+1}^n})-f(W_{t_i^n})=f'(W_{t_i^n})(W_{t_{i+1}^n}-W_{t_i^n})+\frac{1}{2}f''(\theta_i^n)(W_{t_{i+1}^n}-W_{t_i^n})^2.$$

令$\Delta_n \to 0$,则根据伊藤积分的定义及引理 7.1,有

$$\lim_{\Delta_n \to 0} \sum_{i=0}^{n-1} f'(W_{t_i^n})(W_{t_{i+1}^n} - W_{t_i^n}) = \int_0^t f'(W_s)\mathrm{d}W_s,$$

$$\lim_{\Delta_n \to 0} \sum_{i=0}^{n-1} f''(\theta_i^n)(W_{t_{i+1}^n} - W_{t_i^n})^2 = \int_0^t f''(W_s)\mathrm{d}s,$$

所以

$$f(W_t) = f(0) + \int_0^t f'(W_s)\mathrm{d}W_s + \frac{1}{2}\int_0^t f''(W_s)\mathrm{d}s.$$

定理 7.4 是伊藤公式的积分形式. 伊藤公式也可以写成微分的形式,即

$$\mathrm{d}f(W_t) = f'(W_t)\mathrm{d}W_t + \frac{1}{2}f''(W_t)\mathrm{d}t.$$

例 7.1　试求 $\mathrm{d}(\mathrm{e}^{W_t})$.

【解】　令 $f(x)=\mathrm{e}^x$,则 $f(W_t)=\mathrm{e}^{W_t}$. 由伊藤公式,得

$$\mathrm{d}(\mathrm{e}^{W_t}) = \mathrm{d}f(W_t) = f'(W_t)\mathrm{d}W_t + \frac{1}{2}f''(W_t)\mathrm{d}t = \mathrm{e}^{W_t}\mathrm{d}W_t + \frac{1}{2}\mathrm{e}^{W_t}\mathrm{d}t.$$

例 7.2　已知$\{W_t\}_{t\geqslant 0}$是基本维纳过程,试证:

$$\int_0^t W_s\mathrm{d}W_s = \frac{1}{2}W_t^2 - \frac{1}{2}t.$$

【证明】　令 $f(x)=x^2$,则$W_t^2 = f(W_t)$. 由伊藤公式,得

$$\mathrm{d}W_t^2 = \mathrm{d}f(W_t) = f'(W_t)\mathrm{d}W_t + \frac{1}{2}f''(W_t)\mathrm{d}t = 2W_t\mathrm{d}W_t + \mathrm{d}t.$$

上式两边从 0 到 t 积分,可得

$$W_t^2 = 2\int_0^t W_s\mathrm{d}W_s + \int_0^t 1\mathrm{d}s,$$

即

$$\int_0^t W_s\mathrm{d}W_s = \frac{1}{2}W_t^2 - \frac{1}{2}t.$$

到目前为止,本章讨论的都是漂移率为 0、波动率为 1 的基本维纳过程. 漂移率为 0 的意思是,在未来任意时刻的期望值都等于当前值. 波动率为 1 的意思是,在长度为 T 的一段时间后,变化的方差是 $1\times T$. 下面将基本维纳过程推广到一般化的维纳过程.

定义 7.6(一般化的维纳过程) 若

$$dX_t=\mu dt+\sigma dW_t,$$

其中 μ 和 σ 都是常数,则称随机过程 $\{X_t\}_{t\geq 0}$ 为一般化的维纳过程.

一般化的维纳过程可以看成是由两部分组成的. μdt 说明 X_t 的漂移率是 μ,也就是单位时间期望值的变化为 μ. σdW_t 说明 X_t 的波动率是 σ,也就是单位时间标准差的变化为 σ.

更一般地,还有如下定义:

定义 7.7(伊藤过程) 若

$$dX_t=\mu_t dt+\sigma_t dW_t,$$

其中 $\{\mu_t\}_{t\geq 0}$, $\{\sigma_t\}_{t\geq 0}\in V$,则称随机过程 $\{X_t\}_{t\geq 0}$ 为伊藤过程.

定理 7.5(更一般的伊藤公式) 若 $\{X_t\}_{t\geq 0}$ 是伊藤过程,则 $dX_t=\mu_t dt+\sigma_t dW_t$. 若 $Y_t:=g(t,X_t)$,其中 $g(t,x)$ 是 $[0,+\infty)\times\mathbf{R}$ 上的二次连续可微函数,则 $\{Y_t\}_{t\geq 0}$ 仍然是伊藤过程,且

$$dY_t=\frac{\partial g}{\partial t}(t,X_t)dt+\frac{\partial g}{\partial x}(t,X_t)(t,X_{(t)})dX_t+\frac{1}{2}\cdot\frac{\partial^2 g}{\partial x^2}(dX_t)^2,$$

其中 $(dX_t)^2=dX_t\cdot dX_t$ 按照以下规则进行计算:

$$dt\cdot dt=dt\cdot dW_t=dW_t\cdot dt=0,\quad dW_t\cdot dW_t=dt.$$

在例 7.1 中,如果记 $Y_t=e^{W_t}$,则

$$dY_t=Y_t dW_t+\frac{1}{2}Y_t dt.$$

凡是满足类似上述式子的随机过程均称为几何布朗运动.

定义 7.8(几何布朗运动) 若

$$dY_t=\mu Y_t dt+\sigma Y_t dW_t,$$

其中 μ 和 σ 都是常数,则称随机过程 $\{Y_t\}_{t\geq 0}$ 为几何布朗运动.

几何布朗运动一般用来刻画金融市场上股票价格的变动状况,此时 μ 和 σ 都是非负常数,其中 μ 表示股票的期望收益率.

☞**命题 7.2** 若随机过程 $\{Y_t\}_{t\geq 0}$ 是几何布朗运动,则

$$Y_t=Y_0 e^{(\mu-\frac{\sigma^2}{2})t+\sigma W_t}.$$

【证明】 对 $\ln Y_s$ 用伊藤公式,可得

$$
\begin{aligned}
\mathrm{d}\ln Y_s &= \frac{1}{Y_s}\mathrm{d}Y_s - \frac{1}{2Y_s^2}(\mathrm{d}Y_s)^2 \\
&= \frac{1}{Y_s}(\mu Y_s \mathrm{d}s + \sigma Y_s \mathrm{d}W_s) - \frac{1}{2Y_s^2}(\sigma^2 Y_s^2 \mathrm{d}s) \\
&= \left(\mu - \frac{\sigma^2}{2}\right)\mathrm{d}s + \sigma \mathrm{d}W_s,
\end{aligned}
$$

上式两边从 0 到 t 积分,可得

$$
\ln Y_t - \ln Y_0 = \left(\mu - \frac{\sigma^2}{2}\right)t + \sigma W_t,
$$

于是

$$
Y_t = Y_0 \mathrm{e}^{(\mu - \frac{\sigma^2}{2})t + \sigma W_t}.
$$

7.3　布莱克-舒尔斯微分方程

本节将利用几何布朗运动和伊藤公式推导衍生证券定价模型中著名的布莱克-舒尔斯微分方程. 下面首先给出推导布莱克-舒尔斯微分方程时用到的假设:

(i)股票价格 S_t 遵循几何布朗运动,即 $\mathrm{d}S_t = \mu S_t \mathrm{d}t + \sigma S_t \mathrm{d}W_t$,其中 μ 和 σ 都是非负常数;

(ii)允许使用全部所得卖空衍生股票;

(iii)没有交易费用和税收;

(iv)在衍生证券有效期内没有股利支付;

(v)不存在无风险套利机会;

(vi)证券交易是连续的;

(vii)无风险利率 r 是常数.

若把依赖于股票价格 S_t 的衍生证券价格写成 f,则 f 一定是关于 S_t 和 t 的函数,记为 $f(t, S_t)$. 该衍生证券的价格即为 $f(0, S_0)$.

考虑该衍生证券的卖方,若在 t 时刻,他卖出一份衍生证券,同时为了

对冲风险,又购进了股票. 记他购入的股票份数为 δ,则此时他的资产余额 R_t 为

$$R_t = f(t, S_t) - \delta S_t,$$

则

$$\mathrm{d}R_t = \mathrm{d}f(t, S_t) - \delta \mathrm{d}S_t.$$

由伊藤公式,可得

$$\begin{aligned}
\mathrm{d}R_t &= \mathrm{d}f(t, S_t) - \delta \mathrm{d}S_t = \frac{\partial f}{\partial t}\mathrm{d}t + \frac{\partial f}{\partial x}\mathrm{d}S_t + \frac{1}{2} \cdot \frac{\partial^2 f}{\partial x^2}(\mathrm{d}S_t)^2 - \delta \mathrm{d}S_t \\
&= \frac{\partial f}{\partial t}\mathrm{d}t + \frac{\partial f}{\partial x}(\mu S_t \mathrm{d}t + \sigma S_t \mathrm{d}W_t) + \frac{1}{2} \cdot \frac{\partial^2 f}{\partial x^2}(\sigma^2 S_t^2 \mathrm{d}t) \\
&\quad - \delta(\mu S_t \mathrm{d}t + \sigma S_t \mathrm{d}W_t) \\
&= \left[\frac{\partial f}{\partial t} + \left(\frac{\partial f}{\partial x} - \delta\right)\mu S_t + \frac{1}{2} \cdot \frac{\partial^2 f}{\partial x^2}\sigma^2 S_t^2\right]\mathrm{d}t + \left(\frac{\partial f}{\partial x} - \delta\right)\sigma S_t \mathrm{d}W_t.
\end{aligned}$$

特别地,当 $\delta = \frac{\partial f}{\partial x}$ 时,有

$$\mathrm{d}R_t = \left(\frac{\partial f}{\partial t} + \frac{1}{2} \cdot \frac{\partial^2 f}{\partial x^2}\sigma^2 S_t^2\right)\mathrm{d}t.$$

此时微分方程中不含随机项,这说明当 $\delta = \frac{\partial f}{\partial x}$ 时,风险得到完全对冲,已经没有风险.根据无套利假设,R_t 应为无风险利率,即满足

$$\mathrm{d}R_t = rR_t \mathrm{d}t,$$

从而

$$\frac{\partial f}{\partial t} + \frac{1}{2} \cdot \frac{\partial^2 f}{\partial x^2}\sigma^2 S_t^2 = r R_t = r(f(t, S_t) - \delta S_t) = r\left(f(t, S_t) - \frac{\partial f}{\partial x}S_t\right).$$

整理,得 $f(t, x)$ 需满足的方程为

$$\frac{\partial f}{\partial t} + \frac{1}{2}\sigma^2 x^2 \frac{\partial^2 f}{\partial x^2} + rx\frac{\partial f}{\partial x} = rf.$$

这就是著名的布莱克-舒尔斯微分方程.

若衍生证券为欧式看涨期权,到期日为 T,执行价格为 K,则 $f(T, S_T) = \max\{0, S_T - K\}$,这相当于给出了布莱克-舒尔斯微分方程的边界条件,此

时可以求出方程的显式解为

$$f(t,S_t)=S_t\Phi(d_1)-K\mathrm{e}^{-r(T-t)}\Phi(d_2),$$

上式称为布莱克-舒尔斯公式，其中

$$d_1=\frac{\ln\left(\frac{S_t}{K}\right)+\left(r+\frac{1}{2}\sigma^2\right)(T-t)}{\sigma\sqrt{T-t}},$$

$$d_2=d_1-\sigma\sqrt{T-t},$$

$$\Phi(d_i)=\int_{-\infty}^{d_i}\frac{1}{\sqrt{2\pi}}\mathrm{e}^{-\frac{1}{2}x^2}\mathrm{d}x,\quad i=1,2.$$

该结果的详细推导过程将在下一章给出.

习题七

1. 若$\{W_t\}_{t\geqslant 0}$是基本维纳过程，利用伊藤公式证明：

$$\int_0^t W_s^2\mathrm{d}W_s=\frac{1}{3}W_t^3-\int_0^t W_s\mathrm{d}s.$$

2. 若$\{W_t\}_{t\geqslant 0}$是基本维纳过程，利用伊藤公式证明：

$$X_t:=\mathrm{e}^{\frac{t}{2}}\cos W_t$$

是关于σ域流$\{\mathcal{F}_t\}_{t\geqslant 0}$的鞅，其中$\mathcal{F}_t:=\sigma(W_s:0\leqslant s\leqslant t)$.

3. 若$\{W_t\}_{t\geqslant 0}$是基本维纳过程，利用伊藤公式求$E[\mathrm{e}^{\alpha W_t}]$，其中$\alpha$是一个常数.

4. 若$\{W_t\}_{t\geqslant 0}$是基本维纳过程，利用伊藤公式求$\mathrm{d}[\sin(t+W_t)]$.

5. 设$\{X_n\}_{n\geqslant 0}$独立同分布，且

$$P(X_n=0)=P(X_n=1)=P(X_n=2)=\frac{1}{3}.$$

记$S_0=0,S_n=\sum\limits_{i=1}^{n}X_i,\mathcal{F}_0=\{\varnothing,\Omega\},\mathcal{F}_n=\sigma(X_1,X_2,\cdots,X_n)$.

(1)证明：$\{S_n\}_{n\geqslant 0}$是关于σ域流$\{\mathcal{F}_n\}_{n\geqslant 0}$的下鞅；

(2)证明：S_n可以分解为M_n+A_n，即$S_n=M_n+A_n$，其中$\{M_n\}_{n\geqslant 0}$是鞅

过程，$\{A_n\}_{n\geqslant 0}$是单调传递过程；

(3)求下鞅分解中M_n的二次变差过程$\langle M\rangle_n$.

6. 若$\{W_t\}_{t\geqslant 0}$是基本维纳过程，试证明：$\left\{\frac{1}{2}W_t^4-3tW_t^2+\frac{3}{2}t^2\right\}_{t\geqslant 0}$是关于$\sigma$域流$\{\mathcal{F}_t\}_{t\geqslant 0}$的鞅，其中$\mathcal{F}_t=\sigma(W_s:0\leqslant s\leqslant t)$.

7. 若$\{W_t\}_{t\geqslant 0}$是基本维纳过程，令$X_t=W_t-tW_1$，其中$0\leqslant t\leqslant 1$，则$\{X_t\}_{0\leqslant t\leqslant 1}$被称为布朗桥过程. 试求布朗桥过程$\{X_t\}_{0\leqslant t\leqslant 1}$的均值函数和协方差函数.

第八章　随机微分方程

在介绍本章内容之前，我们首先考虑几个实际问题. 例如，生产线上的一台机器突然发生故障，或者金融市场在某个时刻出现剧烈波动. 作为生产线的管理者或金融市场的监管者，自然希望及时检测到这些变化的发生时间，以便采取适当措施应对此类紧急情况. 具体来说：若机器发生故障，管理者需安排维修人员进行修复；若金融市场出现剧烈波动，监管者需分析其成因并采取措施阻止其进一步恶化. 然而，在实际情况下，我们往往无法直接观测到变化的准确状态，而只能通过含噪声干扰的数据间接判断. 例如：生产线出现问题时，观测到的可能是次品比例的异常，而非全部产品均为次品；在金融市场中，获取的是交易订单数量和金额数据，但这些数据未必能直接体现异常. 因此，在噪声干扰下，首要任务是基于观测数据判断异常是否发生. 这类问题被称为变更点检测问题.

为了解决此类问题，需要对问题进行数学建模. 假设真实突变的发生时间为 τ，由于该时间是随机的，所以 τ 是一个停时，服从某一概率分布. 可观测信号的形式为

$$y_t = \alpha I_{\{t \geqslant \tau\}} + \xi_t$$

其中，α 为正常数，表示异常情况下的信号增量；ξ_t 为随机过程，用于刻画白噪声. 我们的目标是寻找一个"合适"的时间 ν，在时间 ν 内采取必要的补救措施. 需要指出的是，ν 的选取必须依赖于观测到的 y_t.

这里会遇到另外一个问题：怎么选取才算"合适"呢？显然我们希望 ν 尽量接近真实的异变时间 τ. 但实际上，要么 $\nu < \tau$，要么 $\nu \geqslant \tau$. 以生产线上的

机器为例，当 $\nu<\tau$ 时，意味着机器尚未损坏就进行干预，会造成时间和成本的浪费；而当 $\nu\geqslant\tau$ 时，意味着机器已经损坏，$\nu-\tau$ 的值越大，产生的次品越多. 为了量化“合适”的标准，我们引入如下目标函数：

$$J(\nu)=mP(\nu<\tau)+nE[(\nu-\tau)I_{\nu\geqslant\tau}].$$

所谓“合适”，就是选择的 ν 使得 $J(\nu)$ 达到最小. m 和 n 是事先选取的常数，分别表示事先干预和事后干预的成本率.

在统计学中，这类问题被称为假设检验问题. 具体来说，当我们得到有噪声的数据时，我们是想用这些带噪声的数据去判断噪声中是否隐藏真实异变的信号，按照假设检验的思想，可以看作现在存在两个假设：

原假设 H_0：

$$y_t=\xi_t;$$

备择假设 H_1：

$$y_t=\eta_t+\xi_t,$$

其中，η_t 是隐藏在噪声中的真实异变的信息. 我们的目标是根据观测数据判断 H_0 和 H_1 中的哪个假设成立.

假设检验的解称为最优检验函数，这是一个关于停时的函数，因此刚才的问题被称为最优停时问题. 最优停时理论不仅在统计学中有着重要的应用，在数学和金融领域也有着重要的应用. 此类问题需要采用新的知识来解决，这类新的知识属于随机微分方程(SDE)的范畴. 如果一个随机过程 $\{X_t\}$ 的变化率既依赖于时间和自身状态，又依赖于白噪声，则可以用如下形式的方程对其进行刻画：

$$\frac{\mathrm{d}X_t}{\mathrm{d}t}=\alpha_t=b(t,X_t)+\sigma(t,X_t)\xi_t.$$

其中，b 和 σ 是关于时间 t 和 X_t 的二元函数；ξ_t 表示白噪声. 具有上述形式的一类方程被称为随机微分方程.

8.1　随机微分方程解的存在唯一性

在深入研究随机微分方程之前，需要先介绍如何刻画噪声 ξ_t. 首先，白噪声是由外界数量众多的微小的随机的因素共同作用的结果.我们知道,花粉会在水中做无规则运动,原因是水分子对花粉颗粒的无规则撞击,使花粉受力不均. 由于这种运动与白噪声之间有相似的地方,于是我们自然而然地会考虑:是否可以用布朗运动,也就是维纳过程直接来刻画白噪声?其次,白噪声还应具有稳定的特点,这种稳定体现在如果用一个随机过程来刻画它,那么其均值函数应该不随时间的变化而变化,且其方差函数也应该不随时间的变化而变化,除此之外,如果考虑两个不同时刻对应的随机变量的取值关系,即考虑协方差函数,那么协方差函数应该只依赖于不同时间的时间差. 也就是说,白噪声应该是一个平稳过程. 然而,维纳过程本身并不是平稳的. 如何选取ξ_t可以保证其同时具有类似于维纳过程和平稳过程的性质呢?由第七章内容可知,维纳过程的增量是平稳的,因此我们用维纳过程的增量来刻画白噪声,于是有如下定义:

$$\xi_t=\frac{\mathrm{d}W_t}{\mathrm{d}t}.$$

因此随机微分方程可以写成

$$\mathrm{d}X_t=b(t,X_t)\mathrm{d}t+\sigma(t,X_t)\mathrm{d}W_t.$$

类似方程在第七章已出现过. 接下来,我们考虑以下问题:

(i)随机微分方程的解存在吗?如果存在,是否唯一?

(ii)如果随机微分方程的解存在,那么它应该具有哪些性质?

(iii)如果随机微分方程的解存在,那么是否有具体的方法能将它求出来?

下面先看两个例子:

第一个例子:令$b(t,X_t)=X_t^2$,$\sigma(t,X_t)=0$,设初始条件$X_0=1$. 此时由于$\sigma(t,X_t)=0$,方程没有随机干扰项,因此是一个普通的常微分方程,这个方程在$t=1$时是没有解的,在$t\neq1$时,

$$X_t=\frac{1}{1-t}.$$

第二个例子:令$b(t,X_t)=2X_t^{\frac{1}{2}}$,$\sigma(t,X_t)=0$,设初始条件$X_0=0$. 此时由于$\sigma(t,X_t)=0$,方程也是一个普通的常微分方程,显然

$$X_t = t^2$$

是该方程的一个解. 然而,若对$X_t = t^2$稍作更改,任取$\alpha > 0$,令

$$X_t = \begin{cases} 0, & t \leqslant \alpha, \\ (t-\alpha)^2, & t > \alpha. \end{cases}$$

不难发现,此时的 X_t 也是方程的解. 这意味着此时方程不止一个解.

由第七章可知,对于几何布朗运动,随机微分方程的解是存在的,而且实际上也是唯一的,下面给出保证随机微分方程的解存在且唯一的一个结果.

定理 8.1(随机微分方程解的存在唯一性) 对于给定的 $T > 0$,若 $b(t,x)$ 和 $\sigma(t,x):[0,T]\times\mathbf{R}\to\mathbf{R}$ 满足以下两个性质:

(i) 线性增长性:存在某个常数 C_1,满足对于任意的 $t\in[0,T]$ 和 $x\in\mathbf{R}$,有

$$|b(t,x)| + |\sigma(t,x)| \leqslant C_1(1+|x|);$$

(ii) 利普希茨(Lipschitz)连续性:存在某个常数 C_2,对于任意的 $t\in[0,T]$ 和 $x,y\in\mathbf{R}$,有

$$|b(t,x)-b(t,y)| + |\sigma(t,x)-\sigma(t,y)| \leqslant C_2|x-y|,$$

则随机微分方程

$$\begin{cases} \mathrm{d}X_t = b(t,X_t)\mathrm{d}t + \sigma(t,X_t)\mathrm{d}W_t, \\ X_0 = c \end{cases}$$

存在关于自然域流$\{\mathcal{F}_t\}_{t\geqslant 0}$适应的唯一的连续解,且满足

$$E\left[\int_0^T |X_t| \mathrm{d}t\right] \leqslant +\infty.$$

【证明】 先证唯一性. 假设方程存在两个解X_t^1 和X_t^2,记

$$\alpha_s = b(s,X_s^1) - b(s,X_s^2), \quad \beta_s = \sigma(s,X_s^1) - \sigma(s,X_s^2),$$

则

$$\begin{aligned} E[|X_t^1 - X_t^2|^2] &= E\left[\left(\int_0^t \alpha_s \mathrm{d}s + \int_0^t \beta_s \mathrm{d}W_s\right)^2\right] \\ &\leqslant 2E\left[\left(\int_0^t \alpha_s \mathrm{d}s\right)^2\right] + 2E\left[\left(\int_0^t \beta_s \mathrm{d}W_s\right)^2\right]. \end{aligned}$$

由柯西-施瓦茨(Cauchy-Schwarz)不等式和伊藤等距,可得

$$E[|X_t^1-X_t^2|^2]\leqslant 2tE\left[\int_0^t\alpha_s^2\mathrm{d}s\right]+2E\left[\int_0^t\beta_s^2\mathrm{d}s\right].$$

根据利普希茨连续性,即

$$|\alpha_s|\leqslant C_2|X_s^1-X_s^2|,\ |\beta_s|\leqslant C_2|X_s^1-X_s^2|,$$

于是

$$E[|X_t^1-X_t^2|^2]\leqslant 2(1+t)C_2^2E\left[\int_0^t|X_s^1-X_s^2|^2\mathrm{d}s\right].$$

根据富比尼(Fubini)定理,有

$$E[|X_t^1-X_t^2|^2]\leqslant 2(1+t)C_2^2\int_0^tE[|X_s^1-X_s^2|^2]\mathrm{d}s.$$

根据贝尔曼-格朗沃尔不等式,有

$$E[|X_t^1-X_t^2|^2]\leqslant 0.$$

由此得到对于任意的 $t\geqslant 0, X_t^1=X_t^2$. 唯一性得证.

下面证存在性. 令 $Y_t^0=X_0$,则

$$Y_t^{k+1}=X_0+\int_0^tb(s,Y_s^k)\mathrm{d}s+\int_0^t\sigma(s,Y_s^k)\mathrm{d}W_s,$$

由于

$$Y_t^1=X_0+\int_0^tb(s,X_0)\mathrm{d}s+\int_0^t\sigma(s,X_0)\mathrm{d}W_s,$$

因此

$$\begin{aligned}E[|Y_t^1-Y_t^0|]^2&=E\left[\left|\int_0^tb(s,X_0)\mathrm{d}s+\int_0^t\sigma(s,X_0)\mathrm{d}W_s\right|\right]^2\\&\leqslant 2E\left[\left(\int_0^tb(s,X_0)\mathrm{d}s\right)^2\right]+2E\left[\left(\int_0^t\sigma(s,X_0)\mathrm{d}W_s\right)^2\right]\\&\leqslant 2C_1^2t^2E[(1+|X_0|)^2]+2C_1^2tE[(1+|X_0|)^2].\end{aligned}$$

记

$$M=2C_1^2TE[(1+|X_0|)^2]+2C_1^2E[(1+|X_0|)^2],$$

于是

$$E[|Y_t^1-Y_t^0|]^2\leqslant Mt.$$

类似于唯一性的证明,同样可以得到

$$E[|Y_t^{k+1}-Y_t^k|^2]\leqslant 2(1+t)C_2^2\int_0^t E[|Y_s^k-Y_s^{k-1}|^2]\mathrm{d}s.$$

记

$$N=2(1+T)C_2^2M,$$

则

$$E[|Y_t^{k+1}-Y_t^k|^2]\leqslant \frac{N^k t^{k+1}}{(k+1)!}.$$

对于任意的 $0\leqslant m<n$，有

$$(E[|Y_t^n-Y_t^m|^2])^{\frac{1}{2}}\leqslant \sum_{k=m}^{n-1}(E[|Y_t^{k+1}-Y_t^k|^2])^{\frac{1}{2}}\leqslant \sum_{k=m}^{n-1}\sqrt{\frac{N^k t^{k+1}}{(k+1)!}}.$$

根据斯特林(Stirling) 公式，可得

$$\sum_{k=m}^{n-1}\sqrt{\frac{N^k t^{k+1}}{(k+1)!}}\sim \sum_{k=m}^{n-1}\sqrt{\frac{N^k t^{k+1}}{\sqrt{2\pi(k+1)}\left(\frac{k+1}{\mathrm{e}}\right)^{k+1}}}$$

$$\leqslant \sum_{k=m}^{n-1}\sqrt{\frac{1}{\sqrt{2\pi(k+1)}\left(\frac{k+1}{\mathrm{e}NT}\right)^{k+1}}},$$

当 $m,n\to+\infty$ 时，有

$$\sum_{k=m}^{n-1}\sqrt{\frac{1}{\sqrt{2\pi(k+1)}\left(\frac{k+1}{\mathrm{e}NT}\right)^{k+1}}}\to 0.$$

因此$\{Y_t^n\}_{n\geqslant 1}$ 是一个柯西序列，设其收敛到X_t，下面证明X_t 是随机微分方程的解.

根据赫尔德不等式，有

$$E\left[\int_0^t b(s,Y_s^n)\mathrm{d}s-\int_0^t b(s,X_s)\mathrm{d}s\right]^2\leqslant \int_0^t E[b(s,Y_s^n)-b(s,X_s)]^2\mathrm{d}s$$

$$\leqslant C_2^2\int_0^t E[Y_s^n-X_s]^2\mathrm{d}s\to 0,$$

因此

$$\int_0^t b(s,Y_s^n)\mathrm{d}s\to \int_0^t b(s,X_s)\mathrm{d}s.$$

同理，根据伊藤等距，可得

$$\int_0^t \sigma(s, Y_s^n) dW_s \to \int_0^t \sigma(s, X_s) dW_s.$$

于是可得

$$X_t = X_0 + \int_0^t b(s, X_s) ds + \int_0^t \sigma(s, X_s) dW_s.$$

例 8.1[奥恩斯坦-乌伦贝克(Ornstein-Uhlenbeck)方程]　具有以下形式的方程被称为奥恩斯坦-乌伦贝克方程：

$$\begin{cases} dX_t = \mu X_t dt + \sigma dW_t, \\ X_0 = c, \end{cases}$$

其中 μ，σ 和 c 均为常数.

根据随机微分方程解的存在唯一性定理，该方程存在唯一的解.为求得该解，可将 X_t 进行如下变换：

$$Y_t := e^{-\mu t} X_t,$$

则 $Y_0 = X_0 = c$. 对 Y_t 运用伊藤公式，可得

$$dY_s = (-\mu Y_s + \mu Y_s + 0) ds + \sigma e^{-\mu s} dW_s.$$

上式两边从 0 到 t 积分，可得

$$Y_t = Y_0 + \sigma \int_0^t e^{-\mu s} dW_s,$$

所以

$$X_t = c e^{\mu t} + \sigma e^{\mu t} \int_0^t e^{-\mu s} dW_s.$$

定理 8.2（分部积分公式）　设 X_t 和 Y_t 是两个伊藤过程，则

$$d(X_t Y_t) = X_t dY_t + Y_t dX_t + dX_t dY_t.$$

【证明】　利用高维伊藤公式可得，证明过程略.

例 8.2　解方程：

$$\begin{cases} dX_t = (\alpha X_t + \beta \sqrt{X_t}) dt + \gamma X_t dW_t, \\ X_0 = c. \end{cases}$$

【解】　令

$$M_t = e^{\frac{1}{2}\gamma^2 t - \gamma W_t},$$

且

$$Y_t = M_t X_t.$$

由于

$$dM_t = \gamma^2 M_t dt - \gamma M_t dW_t,$$

根据分部积分公式,有

$$dY_t = (\alpha M_t X_t + \beta\sqrt{X_t}\, M_t)dt = (\alpha Y_t + \beta\sqrt{Y_t}\sqrt{M_t})dt.$$

取

$$Z_t := \sqrt{Y_t},$$

根据伊藤公式,有

$$dZ_t = \frac{1}{2\sqrt{Y_t}}dY_t = \left(\frac{1}{2}\alpha Z_t + \frac{1}{2}\beta\sqrt{M_t}\right)dt.$$

设

$$Z_t = C_t e^{\frac{1}{2}\alpha t},$$

则

$$dZ_t = \frac{1}{2}\alpha\, Z_t + C'_t e^{\frac{1}{2}\alpha t} dt.$$

于是

$$C'_t = \frac{1}{2}\beta\sqrt{M_t}\ e^{-\frac{1}{2}\alpha t} = \frac{1}{2}\beta e^{\frac{1}{4}\gamma^2 t - \frac{1}{2}\alpha t - \gamma W_t}.$$

因为

$$Z_0 = C_0 = \sqrt{Y_0} = \sqrt{c},$$

所以

$$C_t = \sqrt{c} + \frac{1}{2}\beta\int_0^t e^{\frac{1}{4}\gamma^2 t - \frac{1}{2}\alpha t - \gamma W_t} dt,$$

进而可得

$$Z_t = \left(\sqrt{c} + \frac{1}{2}\beta\int_0^t e^{\frac{1}{4}\gamma^2 t - \frac{1}{2}\alpha t - \gamma W_t} dt\right) e^{\frac{1}{2}\alpha t},$$

$$Y_t=\left(\sqrt{c}+\frac{1}{2}\beta\int_0^t e^{\frac{1}{4}\gamma^2 t-\frac{1}{2}\alpha t-\gamma W_t}\,dt\right)^2 e^{\alpha t}.$$

最后可得

$$X_t=\left(\sqrt{c}+\frac{1}{2}\beta\int_0^t e^{\frac{1}{4}\gamma^2 t-\frac{1}{2}\alpha t-\gamma W_t}\,dt\right)^2 e^{\alpha t-\frac{1}{2}\gamma^2 t+\gamma W_t}.$$

8.2　鞅表示定理

引理 8.1［杜布-邓肯(Doob-Dynkin)引理］　已知 X,Y 是两个给定的随机向量，则 Y 关于 $\sigma(X)$ 可测的充要条件是存在一个波莱尔可测函数 f，使得

$$Y=f(X).$$

记$L^2[0,T]=\left\{\varphi(t):\int_0^T\varphi^2(t)\,dt<+\infty\right\}$，则有如下引理：

引理 8.2　由随机变量类型

$$\left\{e^{\int_0^T\varphi(t)\,dW_t-\frac{1}{2}\int_0^T\varphi^2(t)\,dt}:\varphi(t)\in L^2[0,T]\right\}$$

生成的线性空间在$L^2(\Omega,\mathcal{F}_T,P)$中是一个稠密集.

定理 8.3（鞅收敛定理）　已知$\{\sigma(n)\}_{n\geqslant 1}$是一个 σ 域流，记 $\sigma(\infty)=\sigma\left(\bigcup_{n=1}^{\infty}\sigma(n)\right)$，则对于任意的 $X\in L^1(\Omega,\mathcal{F},P)$，在几乎处处意义和$L^1$范数下，都有

$$\lim_{n\to\infty}E[X\,|\,\sigma(n)]=E[X\,|\,\sigma(\infty)].$$

【证明】　记$X_n=E[X\,|\,\sigma(n)]$，则$\{X_n\}_{n\geqslant 1}$是一致可积的，于是存在 $Z\in L^1(\Omega,\mathcal{F},P)$，使得在几乎处处意义和$L^1$范数下，均有

$$\lim_{n\to\infty}X_n=Z.$$

接下来只需证明

$$Z=E[X\,|\,\sigma(\infty)]$$

即可.

$$E[\,|X_n-E[Z\,|\,\sigma(n)]|\,]=E[\,|E[X_n\,|\,\sigma(n)]-E[Z\,|\,\sigma(n)]|\,]$$

$$\leqslant E[|X_n - Z|] \xrightarrow{n\to\infty} 0.$$

另外,由于

$$E[(X-Z)|\sigma(n)] = E[X|\sigma(n)] - E[Z|\sigma(n)] = X_n - E[Z|\sigma(n)],$$

对于任意的集合 $A\in\sigma(n_0)$,若 $n\geqslant n_0$,则

$$|E[(X-Z)I_A]| = |E[(X_n - E[Z|\sigma(n)])I_A]|$$

$$\leqslant E[|X_n - E[Z|\sigma(n)]|] \xrightarrow{n\to\infty} 0.$$

于是对于任意的 $A\in\bigcup_{n=1}^{\infty}\sigma(n)$,有

$$|E[(X-Z)I_A]| = 0,$$

所以

$$E[X|\sigma(\infty)] = E[Z|\sigma(\infty)] = Z.$$

前面已证明,伊藤积分

$$X_t = X_0 + \int_0^t \sigma_t \mathrm{d}W_t$$

关于自然域流$\{\mathcal{F}_t\}_{t\geqslant 0}$一定是一个鞅过程. 本节将证明另外一个令人惊奇的结果,即任意关于$\{\mathcal{F}_t\}_{t\geqslant 0}$是鞅的随机过程均可以表示为伊藤积分的形式. 这个结果被称为鞅表示定理. 该定理在金融数学等领域有着重要的应用.

为了证明该结果,需要一些基本的结果作为基础. 下面给出这些基本的结果.

引理 8.3 对于给定的 $T>0$,集合

$$\{f(W_{t_1}, W_{t_2}, \cdots, W_{t_n}): t_i\in[0,T], f\in C_0^{\infty}(\mathbf{R}^n)\}$$

在$L^2(\Omega, F, P)$空间中是稠密的,其中$C_0^{\infty}(\mathbf{R}^n)$表示定义在 $\mathbf{R}^n$ 上的无穷阶可微的具有紧支撑的所有泛函组成的集合.

【证明】 令$\{t_i\}_{i\geqslant 1}$是$[0,T]$中的一个稠密子集,$\sigma(n)$表示由$W_{t_1}, W_{t_2}, \cdots, W_{t_n}$生成的$\sigma$ 域. 显然有

$$\sigma(n)\subset\sigma(n+1),$$

且

$$\sigma\left(\bigcup_{n=1}^{\infty}\sigma(n)\right) = \mathcal{F}_T.$$

若从$L^2(\Omega,\mathcal{F},P)$空间中任意选取随机变量 g，则根据鞅收敛定理，有

$$g=E[g\mid\mathcal{F}_T]=\lim_{n\to\infty}E[g\mid\sigma(n)].$$

根据引理 8.1，存在$g_n:\mathbf{R}^n\to\mathbf{R}$，使得

$$E[g\mid\sigma(n)]=g_n(W_{t_1},W_{t_2},\cdots,W_{t_n}).$$

由于所有的g_n都可以由$C_0^\infty(\mathbf{R}^n)$中的函数列$\{f_i^n\}_{i\geqslant 1}$逼近得到，引理得证.

定理 8.4（伊藤表示定理）　令 $\Phi\in L^2(\mathcal{F}_T,P)$，则一定存在唯一的随机过程$f_t(\omega)\in V(0,T)$，使得

$$\Phi(\omega)=E[\Phi]+\int_0^T f_t(\omega)\mathrm{d}W_t.$$

【证明】　首先，讨论 Φ 可以表示为

$$\mathrm{e}^{\int_0^T\varphi(t)\mathrm{d}W_t-\frac{1}{2}\int_0^T\varphi^2(t)\mathrm{d}t}$$

的形式时，定义

$$X_t(\omega)=\mathrm{e}^{\int_0^t\varphi(s)\mathrm{d}W_s-\frac{1}{2}\int_0^t\varphi^2(s)\mathrm{d}s}.$$

由伊藤公式，可得

$$\mathrm{d}X_t=X_t\left(\varphi(t)\mathrm{d}W_t-\frac{1}{2}\varphi^2(t)\mathrm{d}t\right)+\frac{1}{2}X_t(\varphi(t)\mathrm{d}W_t)^2=X_t\varphi(t)\mathrm{d}W_t,$$

于是

$$X_t=1+\int_0^t X_s\varphi(s)\mathrm{d}W_s.$$

此时有

$$\Phi=X_T=1+\int_0^T X_t\varphi(t)\mathrm{d}W_t,$$

且 $E[\Phi]=1$，于是

$$\Phi(\omega)=E[\Phi]+\int_0^T f_t(\omega)\mathrm{d}W_t,$$

其中$f_t(\omega)=X_t(\omega)\varphi(t)$.

再考虑一般的情况，即 $\Phi\in L^2(\mathcal{F}_T,P)$. 由前面的引理，可以找到一列$\{Y_T^n\}_{n\geqslant 1}$收敛到 Φ，其中Y_T^n 均为$\{X_T^i\}_{1\leqslant i\leqslant n}$线性组合的形式. 于是

$$Y_T^n(\omega)=E[Y_T^n]+\int_0^T f_t^n(\omega)\mathrm{d}W_t.$$

由伊藤等距,可得

$$E[(Y_T^n-Y_T^m)^2]=\int_0^T E[(f_t^n-f_t^m)^2]\mathrm{d}t\xrightarrow{n,m\to\infty}0.$$

因此$\{f_t^n\}_{n\geqslant 1}$是一个柯西列,其收敛于某个f_t. 由于$\{f_t^n\}_{n\geqslant 1}\subset V$,因此$f_t\in V$. 再次根据伊藤等距,可得

$$\Phi=\lim_{n\to\infty}Y_T^n=\lim_{n\to\infty}E[Y_T^n]+\int_0^T f_t^n(\omega)\mathrm{d}W_t=E[\Phi]+\int_0^T f_t(\omega)\mathrm{d}W_t.$$

这样就得到了伊藤表示定理. 接下来只需要再证明这个表示是唯一的就可以结束证明.

假设存在两个表示,即存在$f_t^1,f_t^2\in V$,满足

$$\Phi=E[\Phi]+\int_0^T f_t^1(\omega)\mathrm{d}W_t=E[\Phi]+\int_0^T f_t^2(\omega)\mathrm{d}W_t,$$

则继续根据伊藤等距,有

$$\int_0^T E[(f_t^1-f_t^2)^2]\mathrm{d}t=E\left[\left(\int_0^T (f_t^1(\omega)-f_t^2(\omega))\mathrm{d}W_t\right)^2\right]=0.$$

因此$f_t^1=f_t^2$.

定理 8.5 (鞅表示定理) 若$\{M_t\}_{t\geqslant 0}$是一个关于自然域流$\{\mathcal{F}_t\}_{t\geqslant 0}$的鞅过程,且对于任意的$t\geqslant 0$,$M_t\in L^2(P)$. 那么存在唯一的随机过程$g_s(\omega)\in V$,满足对于任意的$t\geqslant 0$,都有

$$M_t(\omega)=E[M_0]+\int_0^t g_s(\omega)\mathrm{d}W_s.$$

【证明】 在定理 8.4 中,令$T=t$,$\Phi=M_t$,则可得到唯一的$f_s^t\in L^2(\mathcal{F}_t,P)$,满足

$$M_t(\omega)=E[M_t]+\int_0^t f_s^t(\omega)\mathrm{d}W_s=E[M_0]+\int_0^t f_s^t(\omega)\mathrm{d}W_s.$$

因此只需要证明存在与t时刻选取无关的$g_s(\omega)$也满足上式即可.

选取$t_2\geqslant t_1\geqslant 0$,则

$$M_{t_1}=E[M_{t_2}\mid\mathcal{F}_{t_1}]=E[M_0]+E\left[\int_0^{t_2} f_s^{t_2}(\omega)\mathrm{d}W_s\mid\mathcal{F}_{t_1}\right]$$

$$=E[M_0]+\int_0^{t_1} f_s^{t_2}(\omega)\mathrm{d}W_s.$$

另外，由于

$$M_{t_1}=E[M_0]+\int_0^{t_1} f_s^{t_1}(\omega)\mathrm{d}W_s,$$

由伊藤等距，可得

$$\int_0^{t_1} E[(f_s^{t_1}-f_s^{t_2})^2]\mathrm{d}s=E\left[\left(\int_0^{t_1}(f_s^{t_1}(\omega)-f_s^{t_2}(\omega))\mathrm{d}W_s\right)^2\right]=0.$$

由此可得，在$[0,t_1]$上，

$$f_s^{t_1}=f_s^{t_2}.$$

于是可以定义，对于任意的 $m\in\mathbf{N}$，有

$$g_s(\omega)=f_s^m(\omega).$$

这样对于任意的 $t\geqslant 0$，都有

$$M_t(\omega)=E[M_0]+\int_0^t g_s(\omega)\mathrm{d}W_s.$$

例 8.3　取

$$M_t=E[W_T^2\mid\mathcal{F}_t],$$

则显然$\{M_t\}_{t\geqslant 0}$是关于自然域流$\{\mathcal{F}_t\}_{t\geqslant 0}$的鞅过程，根据鞅表示定理，存在唯一的随机过程$g_s(\omega)\in V$，满足对于任意的 $t\geqslant 0$，都有

$$M_t(\omega)=E[M_0]+\int_0^t g_s(\omega)\mathrm{d}W_s.$$

试给出此时$g_s(\omega)$的具体形式.

【解】　由于$\{W_t^2-t\}_{t\geqslant 0}$是一个鞅过程，所以

$$E[W_T^2-T\mid\mathcal{F}_t]=W_t^2-t,$$

于是

$$M_t=T+W_t^2-t.$$

由伊藤公式，可得

$$W_t^2-t=\int_0^t 2W_s\mathrm{d}W_s.$$

另外，由于

$$E[M_0]=E[M_T \mid \mathcal{F}_0]=E[M_T]=E[W_T^2]=T,$$

于是

$$M_t=E[M_0]+\int_0^t 2W_s \mathrm{d}W_s.$$

所以

$$g_s(\omega)=2W_s(\omega).$$

8.3 吉索诺夫(Girsanov)定理及布莱克-舒尔斯期权定价公式

本节将介绍一个在随机分析领域非常重要的结果,这就是关于概率测度变换的吉索诺夫定理,当然,该结果在金融领域也有着广泛的应用.

首先看下面的一个结果.

引理 8.4 已知 P 和 Q 是定义在$(\Omega,\mathcal{F}_T)$上的两个概率测度,若 $Q\ll P$,且

$$\frac{\mathrm{d}Q}{\mathrm{d}P}=Z_T,$$

则

$$Q|_{\mathcal{F}_t}\ll P|_{\mathcal{F}_t},$$

且

$$\left\{Z_t:=\frac{\mathrm{d}Q|_{\mathcal{F}_t}}{\mathrm{d}P|_{\mathcal{F}_t}}\right\}_{0\leqslant t\leqslant T}$$

是关于$\{\mathcal{F}_t\}_{0\leqslant t\leqslant T}$的鞅过程.

【证明】 因为在$\mathcal{F}_T$上 $Q\ll P$,所以显然在子 σ 域$\mathcal{F}_t$上 $Q\ll P$. 任意选取$\mathcal{F}_t$上可测的随机变量 ξ,则

$$\begin{aligned}E_P[\xi\cdot E_P[Z_T|\mathcal{F}_t]]&=E_P[E_P[\xi Z_T|\mathcal{F}_t]]=E_P[\xi Z_T]\\&=E_Q[\xi]=E_P[\xi\cdot Z_t],\end{aligned}$$

于是

$$Z_t = E_P[Z_T \mid \mathcal{F}_t].$$

这个结果告诉我们，两个不同测度之间的 R-N 导数关于自然域流是一个鞅过程. 那么我们自然会好奇：如果给出一个鞅过程，能否进行测度的变换呢？答案是可以的，相关结果就是吉索诺夫定理.

在介绍吉索诺夫定理之前，需要先给出列维关于维纳过程的另外一个等价的定义. 在上一章的学习中我们知道，对于维纳过程 $\{W_t\}_{t\geqslant 0}$，可以算出其二次变差过程为 t，但是如果一个一般的鞅过程 $\{X_t\}_{t\geqslant 0}$ 的二次变差过程也是 t，那么 $\{X_t\}_{t\geqslant 0}$ 是不是也一定是维纳过程呢？答案是肯定的，这个结果就是维纳过程的列维刻画.

定理 8.7（维纳过程的列维刻画） 若 $\{X_t\}_{t\geqslant 0}$ 是一个关于自然域流的鞅过程，则下面的(i)和(ii)等价.

(i) $\{X_t\}_{t\geqslant 0}$ 是一个维纳过程；

(ii) 二次变差过程 $\langle X\rangle_t = t$.

【证明】 略.

定理 8.8（吉索诺夫定理） 已知随机过程 $\{\alpha_t\}_{0\leqslant t\leqslant T}$ 是关于 $\{\mathcal{F}_t\}_{t\geqslant 0}$ 的适应过程，且满足

$$E\left[e^{\frac{1}{2}\int_0^T \alpha_s^2 ds}\right] < +\infty.$$

定义

$$M_t := e^{-\int_0^t \alpha_s dW_s - \frac{1}{2}\int_0^t \alpha_s^2 ds},$$

$$\frac{dQ}{dP} := M_T$$

和

$$\begin{cases} d\widetilde{W}_t := \alpha_t dt + dW_t, \\ \widetilde{W}_0 = 0, \end{cases}$$

则 $\{M_t\}_{0\leqslant t\leqslant T}$ 是一个鞅过程，Q 是 $(\Omega, \mathcal{F}_T)$ 上的概率测度，且 $\widetilde{W}_t$ 是概率测度 Q 下的维纳过程.

【证明】 由伊藤公式，可得

$$dM_t = -\alpha_t M_t dW_t.$$

因为

$$E\left[e^{\frac{1}{2}\int_0^T \alpha_s^2 ds}\right] < +\infty,$$

所以$\{M_t\}_{0\leqslant t\leqslant T}$是一个鞅过程，进而

$$Q(\Omega)=E_Q[1]=E_P[M_T]=E_P[M_0]=1,$$

因此 Q 是一个概率测度.

下面分两步来证明$\widetilde{W}_t$是概率测度 Q 下的维纳过程. 首先，定义

$$Z_t:=M_t\widetilde{W}_t,$$

由伊藤公式，可得

$$dZ_t=M_t d\widetilde{W}_t+\widetilde{W}_t dM_t+dM_t\cdot d\widetilde{W}_t=(1-\alpha_t\widetilde{W}_t)M_t dW_t,$$

因此$\{Z_t\}_{t\geqslant 0}$是一个鞅过程.

由于

$$E_Q[\widetilde{W}_t\mid\mathcal{F}_s]=\frac{E_P[M_t\widetilde{W}_t\mid\mathcal{F}_s]}{E_P[M_t\mid\mathcal{F}_s]}=\frac{E_P[Z_t\mid\mathcal{F}_s]}{M_s}=\frac{Z_s}{M_s}=\widetilde{W}_s,$$

于是$\widetilde{W}_t$是概率测度 Q 下的鞅过程.

另外，还可以得到$\widetilde{W}_t$的二次变差过程$\langle\widetilde{W}\rangle_t=\langle W\rangle_t=t$.

综上，我们验证了$\widetilde{W}_t$是概率测度 Q 下的维纳过程.

下面利用概率测度变换的吉索诺夫定理给出布莱克-舒尔斯公式的直观解释.

记 t 时刻无风险资产（债券）的价格为S_t^0，风险资产（股票）的价格为S_t，且满足

$$dS_t^0=rS_t^0 dt,$$

$$dS_t=\mu S_t dt+\sigma S_t dW_t,$$

其中 r 是无风险利率，μ 是风险资产平均收益率，σ 是波动率，$t\in[0,T]$.

接下来考虑股票的折现价格：

$$\widetilde{S}_t=e^{-rt}S_t.$$

由伊藤公式，可得

$$d\widetilde{S}_t=\widetilde{S}_t((\mu-r)dt+\sigma dW_t)=\sigma\widetilde{S}_t d\widetilde{W}_t,$$

其中$\widetilde{W}_t = W_t + \frac{\mu - r}{\sigma} t$.

由吉索诺夫定理可知，存在一个等价鞅测度Q，使得$\widetilde{W}_t$在测度Q下是一个维纳过程，且

$$\widetilde{S}_t = \widetilde{S}_0 e^{-\frac{1}{2}\sigma^2 t + \sigma \widetilde{W}_t}$$

在测度Q下是关于$\{\mathcal{F}_t\}_{t \geqslant 0}$的一个鞅.

假设第七章的布莱克-舒尔斯模型中存在自融资策略(δ_t^0, δ_t^1)，即t时刻，投资者拥有的资产额为δ_t^0份债券、δ_t份股票，则此时价值过程$\{X_t\}_{0 \leqslant t \leqslant T}$为

$$X_t = \delta_t^0 S_t^0 + \delta_t S_t,$$

则

$$dX_t = \delta_t^0 d S_t^0 + \delta_t dS_t.$$

考虑折现的价值过程：

$$\widetilde{X}_t = e^{-rt} X_t,$$

则

$$d\widetilde{X}_t = -r \widetilde{X}_t dt + e^{-rt} dX_t = \delta_t(-r e^{-rt} S_t dt + e^{-rt} dS_t) = \delta_t d\widetilde{S}_t,$$

于是

$$\widetilde{X}_t = X_0 + \int_0^t \delta_s d\widetilde{S}_s = X_0 + \int_0^t \delta_s \widetilde{S}_s d\widetilde{W}_s.$$

因此折现的价值过程$\{\widetilde{X}_t\}_{0 \leqslant t \leqslant T}$在测度$Q$下是关于$\{\mathcal{F}_t\}_{t \geqslant 0}$的一个鞅，于是

$$\widetilde{X}_t = E_Q[\widetilde{X}_T \mid \mathcal{F}_t],$$

所以

$$X_t = E_Q[e^{-r(T-t)} X_T \mid \mathcal{F}_t].$$

下面考虑欧式看涨期权. 设到期日为T，执行价格为K，此时

$$X_T = \max\{0, (S_T - K)\},$$

$$X_t = e^{-r(T-t)} E_Q[\max\{0, (S_T - K)\} \mid \mathcal{F}_t].$$

由于

$$dS_t = \mu S_t dt + \sigma S_t dW_t = r S_t dt + \sigma S_t d\widetilde{W}_t,$$

所以

$$\mathrm{d}\ln S_t=\left(r-\frac{1}{2}\sigma^2\right)\mathrm{d}t+\sigma\,\mathrm{d}\widetilde{W}_t,$$

于是

$$\ln S_T-\ln S_t=\left(r-\frac{1}{2}\sigma^2\right)(T-t)+\sigma(\widetilde{W}_T-\widetilde{W}_t).$$

因为$\widetilde{W}_T-\widetilde{W}_t$ 在测度 Q 下服从正态分布 $N(0,T-t)$，所以在测度 Q 下

$$\ln S_T\sim N\left(\ln S_t+\left(r-\frac{1}{2}\sigma^2\right)(T-t),\sigma^2(T-t)\right).$$

记 f 和 g 分别为S_T 和 $\ln S_T$ 的概率密度函数，φ 为标准正态分布的概率密度函数，Φ 为标准正态分布的分布函数，则

$$m=\ln S_t+\left(r-\frac{1}{2}\sigma^2\right)(T-t),$$

$$s=\sigma\sqrt{T-t}.$$

于是

$$\begin{aligned}
&E_Q[\max\{0,(S_T-K)\}\mid\mathcal{F}_t]\\
&=\int_{-\infty}^{+\infty}\max\{0,(S_T-K)\}\cdot f\,\mathrm{d}x\\
&=\int_K^{+\infty}(S_T-K)\cdot f\,\mathrm{d}x=\int_{\ln K}^{+\infty}(\mathrm{e}^y-K)\cdot g\,\mathrm{d}y=\int_{\frac{\ln K-m}{s}}^{+\infty}(\mathrm{e}^{m+sz}-K)\cdot\varphi\,\mathrm{d}z\\
&=\int_{\frac{\ln K-m}{s}}^{+\infty}\mathrm{e}^{\frac{s^2}{2}+m}\frac{1}{\sqrt{2\pi}}\mathrm{e}^{-\frac{(z-s)^2}{2}}\mathrm{d}z-K\left(1-\Phi\left(\frac{\ln K-m}{s}\right)\right)\\
&=S_t\mathrm{e}^{r(T-t)}\Phi\left(\frac{\ln\frac{S_t}{K}+\left(r+\frac{\sigma^2}{2}\right)(T-t)}{\sigma\sqrt{T-t}}\right)-K\Phi\left(\frac{\ln\frac{S_t}{K}+\left(r-\frac{\sigma^2}{2}\right)(T-t)}{\sigma\sqrt{T-t}}\right).
\end{aligned}$$

因此

$$X_t=S_t\Phi(d_1)-K\mathrm{e}^{-r(T-t)}\Phi(d_2),$$

其中

$$d_1=\frac{\ln\frac{S_t}{K}+\left(r+\frac{\sigma^2}{2}\right)(T-t)}{\sigma\sqrt{T-t}},$$

$$d_2=\frac{\ln\frac{S_t}{K}+\left(r-\frac{\sigma^2}{2}\right)(T-t)}{\sigma\sqrt{T-t}}=d_1-\sigma\sqrt{T-t}.$$

8.4　倒向随机微分方程

在金融市场中,经常会碰到给金融产品定价的问题. 以第七章的布莱克-舒尔斯期权定价公式为例,它相当于给出了一个在终端时刻 T 时的随机变量X_T,然后求解任意时刻 T 之前的X_t的表达式. 这与传统的随机微分方程问题不太一样,因为传统的随机微分方程问题是已知初始时刻的值X_0,求 $t\geqslant 0$ 时X_t的表达式. 这类已知终端状态X_T求X_t的问题,其解决方法与传统的随机微分方程的解决方法不同,下面通过一个例子来说明.

假设金融市场中只有一种无风险资产(债券)和一种风险资产(股票). 在初始时刻,我们买了 1 元的债券,那么到了第二天,连本带利可获得 1.2 元. 而股票是有风险的,这意味着,初始时刻买了 1 元的股票,第二天是否获利是不确定的. 假设第二天股票有两个可能的取值,分别是运气好时价值为 1.4 元和运气差时价值为 1 元. 设想有一个投资者给自己制定的目标是:若第二天运气好,则他可获得 a 元;若第二天运气不好,则可获得 b 元. 现在的问题是:该投资者初始时刻需要投入多少钱才能实现他的目标?

这实际上是一个初等代数问题,利用列方程的方法很容易解决. 设他今天要投入 y 元,其中用 z 元买股票,用剩下的$(y-z)$元买债券,则(y,z)满足下列方程组:

$$\begin{cases}1.2(y-z)+1.4z=a,\\1.2(y-z)+z=b,\end{cases}$$

显然该方程组存在唯一解,即

$$\begin{cases}\hat{y}=\dfrac{5}{12}(a+b),\\[2ex]\hat{z}=\dfrac{5}{2}(a-b).\end{cases}$$

从这个例子中可以看出，要确定投资者初始时刻所需投资额 y，不仅要确定 y，还必须同时确定 z. 也就是说，(y,z)是作为一个整体出现的，在确定总投资额 y 的同时，还要确定风险资产的投资额 z.

这个简单的例子所处理的问题的模型很有代表性，因为在大量的投资决策以及很多工程决策中都会遇到类似的问题. 这种根据终端状态来确定初始状态的问题，都可以用倒向随机微分方程(BSDE)来解决. 通过上述例子，我们可以看到，倒向随机微分方程与正向随机微分方程在求解上有着本质的不同. 下面给出倒向随机微分方程的经典形式：

$$\begin{cases} -\mathrm{d}Y_t = g(Y_t, Z_t, t)\mathrm{d}t - Z_t \mathrm{d}W_t, \\ Y_T = \xi, \end{cases}$$

其中 ξ 是关于$\mathcal{F}_T$可测的随机变量，且对于任意的$(y,z)\in\mathbf{R}^2$，g 满足 $E\left[\int_0^T g(y,z,t)\mathrm{d}t\right]<+\infty$. 与前面的例子进行类比可知：0 表示初始时刻，$T$ 表示第二天，Y_0 对应 y，Z_0 对应 z.

下面给出倒向随机微分方程解的存在唯一性定理.

定理 8.9（倒向随机微分方程解的存在唯一性定理） 若对于任意的 t，y_1,y_2,z_1 和z_2，都存在常数 C，满足

$$|g(y_1,z_1,t)-g(y_2,z_2,t)|\leqslant C(|y_1-y_2|+|z_1-z_2|),$$

且对于任意的 y 和 z，

$$E\left[\int_0^T |g(y,z,t)|^2\mathrm{d}t\right]<+\infty,$$

则对于任意的 $\xi\in L^2(\mathcal{F}_T)$，方程

$$\begin{cases} -\mathrm{d}Y_t = g(Y_t, Z_t, t)\mathrm{d}t - Z_t \mathrm{d}W_t, \\ Y_T = \xi \end{cases}$$

存在唯一的适应解.

该定理可采用鞅表示定理和皮卡(Picard)迭代法证明，下面给出一个证明梗概.

【证明】 第一步：考虑 $g=0$ 这种特殊情况，此时，显然存在唯一的解

(Y,Z).

第二步：对于一般的 g 和给定的两个过程 (y_s,z_s)，考虑下列方程：

$$\begin{cases}-\,\mathrm{d}Y_t=g(y_t,z_t,t)\mathrm{d}t-Z_t\mathrm{d}W_t,\\ Y_T=\xi.\end{cases}$$

由第一步可知，下列方程的解存在：

$$\begin{cases}-\,\mathrm{d}Y'_t=-Z'_t\mathrm{d}W_t\\ Y'_T=\xi+\int_0^T g(y_s,z_s,s)\mathrm{d}s.\end{cases}$$

记其解为 (Y_t^0,Z_t^0)，然后令

$$Y_t=Y_t^0-\int_0^t g(y_s,z_s,s)\mathrm{d}s,\quad Z_t=Z_t^0,$$

于是

$$Y_t=Y_t^0-\int_0^t g(y_s,z_s,s)\mathrm{d}s=Y_T^0-\int_t^T Z_s^0\mathrm{d}W_s-\int_0^t g(y_s,z_s,s)\mathrm{d}s.$$

由于

$$Y_T^0=\xi+\int_0^T g(y_s,z_s,s)\mathrm{d}s,$$

所以

$$Y_t=\xi+\int_t^T g(y_s,z_s,s)\mathrm{d}s-\int_t^T Z_s^0\mathrm{d}W_s=\xi+\int_t^T g(y_s,z_s,s)\mathrm{d}s-\int_t^T Z_s\mathrm{d}W_s.$$

于是可得到 (Y_t,Z_t) 是第二步初始方程的解.

第三步：定义映射

$$\Phi(y_t,z_t)=(Y_t,Z_t),$$

则可以证明 Φ 是一个压缩映射，因此存在唯一的一对 (Y_t,Z_t)，满足

$$Y_t=\xi+\int_t^T g(Y_s,Z_s,s)\mathrm{d}s-\int_t^T Z_s^0\mathrm{d}W_s.$$

习题八

1. 取

$$M_t = E[\mathrm{e}^{\sigma W_T} \mid \mathcal{F}_t],$$

试给出鞅表示定理中的$g_s(\omega)$的具体形式.

2. 验证：当 $0 \leqslant t < 1$ 时，

$$Y_t = a(1-t) + bt + (1-t)\int_0^t \frac{\mathrm{d}W_s}{1-s}$$

满足

$$\begin{cases} \mathrm{d}Y_t = \dfrac{b - Y_t}{1-t}\mathrm{d}t + \mathrm{d}W_t, \\ Y_0 = a. \end{cases}$$

3. 利用本章计算欧式看涨期权价值的方法，验证：对于欧式看跌期权 $X_T = \max\{0, (K - S_T)\}$，当 $0 \leqslant t \leqslant T$ 时，

$$X_t = K\mathrm{e}^{-r(T-t)}\Phi(-d_2) - S_t\Phi(-d_1),$$

其中 K, T, d_1, d_2 的含义均与 8.3 节相同，并以此进一步验证期权平价定理：欧式看涨期权的价值＋执行价格的现值＝欧式看跌期权的价值＋标的资产价格.

参考答案

习题一

1. 解：$\sigma(\mathscr{A})=\{\varnothing, A_1, A_2, A_1\cap A_2, A_1^c, A_2^c, (A_1\cap A_2)^c, \Omega\}$

$$=\left\{\varnothing, \left[0,\frac{2}{3}\right], \left[\frac{1}{3},1\right], \left[\frac{1}{3},\frac{2}{3}\right], \left(\frac{2}{3},1\right], \left[0,\frac{1}{3}\right), \left[0,\frac{1}{3}\right)\cup\left(\frac{2}{3},1\right], \Omega\right\}.$$

2. 解：因为$[0,1]$上的有理数组成的集合$\mathbf{Q}_{[0,1]}$是可列集（所含元素个数是可列个），而单个点的勒贝格测度为0，由测度的可列可加性可得

$$P(\mathbf{Q}_{[0,1]})=\sum_{q\in\mathbf{Q}_{[0,1]}}P(\{q\})=\sum_{q\in\mathbf{Q}_{[0,1]}}0=0.$$

3. 解：由条件期望的定义，$E[Y|\mathscr{B}]$关于$\mathscr{B}$可测，所以可设

$$E[Y|\mathscr{B}]=aI_{\{-1\}}+bI_{\{0,1\}}.$$

又因为对于任意的$B\in\mathscr{B}$，有$E[Y\cdot I_B]=E[E[Y|\mathscr{B}]\cdot I_B]$，所以

$$\begin{cases}E[(-I_{\{-1\}}+I_{\{0\}}+I_{\{1\}})\cdot I_{\{-1\}}]=E[(aI_{\{-1\}}+bI_{\{0,1\}})\cdot I_{\{-1\}}],\\ E[(-I_{\{-1\}}+I_{\{0\}}+I_{\{1\}})\cdot I_{\{0,1\}}]=E[(aI_{\{-1\}}+bI_{\{0,1\}})\cdot I_{\{0,1\}}].\end{cases}$$

于是可得

$$\begin{cases}a=-1,\\ b=1.\end{cases}$$

实际上，此时Y关于$\mathscr{B}$是可测的，所以$E[Y|\mathscr{B}]=Y$.

4. 解：设 X 和 Y 所有可能的取值分别为 $\{x_i\}_{i\in I}$ 和 $\{y_j\}_{j\in J}$.

根据 $E[X|B]=\dfrac{E[X\cdot I_B]}{P(B)}$，可得

$$\begin{cases}E[Y|X=x_i]=-x_i+6=\dfrac{E[Y\cdot I_{\{X=x_i\}}]}{P(\{X=x_i\})},\\ E[X|Y=y_j]=\dfrac{1}{2}y_j+3=\dfrac{E[X\cdot I_{\{Y=y_j\}}]}{P(\{Y=y_j\})},\end{cases}$$

因此

$$\begin{cases}E[Y\cdot I_{\{X=x_i\}}]=-x_iP(\{X=x_i\})+6P(\{X=x_i\}),\\ E[X\cdot I_{\{Y=y_j\}}]=\dfrac{1}{2}y_jP(\{Y=y_j\})+3P(\{Y=y_j\}).\end{cases}$$

于是

$$\begin{cases}\sum\limits_{i\in I}E[Y\cdot I_{\{X=x_i\}}]=-\sum\limits_{i\in I}x_iP(\{X=x_i\})+6\sum\limits_{i\in I}P(\{X=x_i\}),\\ \sum\limits_{j\in J}E[X\cdot I_{\{Y=y_j\}}]=\dfrac{1}{2}\sum\limits_{j\in J}y_jP(\{Y=y_j\})+3\sum\limits_{j\in J}P(\{Y=y_j\}),\end{cases}$$

即

$$\begin{cases}E[Y]=-E[X]+6,\\ E[X]=\dfrac{1}{2}E[Y]+3,\end{cases}$$

解得

$$\begin{cases}E[X]=4,\\ E[Y]=2.\end{cases}$$

5. 证明：

$$\begin{aligned}\operatorname{cov}(X,Y)&=E[(X-E[X])(Y-E[Y])]\\&=E[E[(X-E[X])(Y-E[Y])|\sigma(X)]]\\&=E[(X-E[X])E[Y-E[Y]|\sigma(X)]]\\&=E[(X-E[X])(E[Y|\sigma(X)]-E[Y])]\\&=0.\end{aligned}$$

6. 解：设该考古人员离开古墓所需时间为 X，选择的门为 Y，则

$$E[X]=E[E[X|Y]]=\sum_{n=1}^{4}E[X|Y=n]\cdot P(Y=n).$$

因为

$$E[X|Y=1]=2,\quad E[X|Y=2]=3+E[X],$$
$$E[X|Y=3]=5+E[X],\quad E[X|Y=4]=7+E[X],$$
$$P(Y=1)=P(Y=2)=P(Y=3)=P(Y=4)=\frac{1}{4},$$

所以

$$E[X]=\frac{2}{4}+\frac{3+E[X]}{4}+\frac{5+E[X]}{4}+\frac{7+E[X]}{4},$$

解得 $E[X]=17$.

故该考古人员离开古墓所需时间的期望为 17.

7. 解:设前两次抽卡抽到两张金卡为事件A_1;前两次抽卡抽到两张银卡为事件A_2;前两次拍卡抽到金卡和银卡各一张,且第三次抽到金卡为事件A_3;前两次抽卡抽到金卡和银卡各一张,且第三次抽到银卡为事件A_4.

记第一次抽到银卡所需次数为X_1,从第一次抽到银卡到第二次抽到银卡所需次数为X_2,第一次抽到金卡所需次数为Y_1,从第一次抽到金卡到第二次抽到金卡所需次数为Y_2,所需总次数为 Z,则

$$E[Z]=E[(2+X_1+X_2)|A_1]P(A_1)+E[(2+Y_1+Y_2)|A_2]P(A_2)$$
$$+E[(3+X_1)|A_3]P(A_3)+E[(3+Y_1)|A_4]P(A_4),$$

其中

$$P(A_1)=0.3^2=0.09,$$
$$P(A_2)=0.7^2=0.49,$$
$$P(A_3)=0.42\times0.3=0.126,$$
$$P(A_4)=0.42\times0.7=0.294,$$
$$E[(2+X_1+X_2)|A_1]=E[2+X_1+X_2]=2+\frac{1}{0.7}+\frac{1}{0.7},$$
$$E[(2+Y_1+Y_2)|A_2]=E[2+Y_1+Y_2]=2+\frac{1}{0.3}+\frac{1}{0.3},$$
$$E[(3+X_1)|A_3]=E[3+X_1]=3+\frac{1}{0.7},$$

$$E[(3+Y_1)|A_4]=E[3+Y_1]=3+\frac{1}{0.3},$$

代入得 $E[Z]=7.1$.

故对每一位新玩家来说，需要抽 8 次卡才能获得一个紫色品质武将.

习题二

1. 解：因为

$$\mu_X(t)=E[X_t]=\mu,$$

$$\gamma_X(s,t)=E[(X_s-\mu)(X_t-\mu)]=E[(X-\mu)^2]=\mathrm{var}(X)=\sigma^2,$$

所以 $\{X_t\}_{t\geqslant 0}$ 是平稳过程.

2. 解：$\mu_X(t)=E[X_t]=\dfrac{1}{\pi}\displaystyle\int_0^{\pi}a\cos(\omega t+x)\mathrm{d}x$

$$=\frac{a}{\pi}\sin(\omega t+x)\Big|_0^{\pi}=-\frac{2a\sin(\omega t)}{\pi}.$$

当 $a=0$ 时，$\gamma_X(t)=0$，因此

$$\lim_{T\to\infty}\frac{1}{T}\int_0^{2T}\left(1-\frac{t}{2T}\right)\gamma_X(t)\mathrm{d}t=0,$$

从而 $\{X_t\}_{t\in\mathbf{R}}$ 的均值具有遍历性.

当 $a\neq 0$ 时，$\mu_X(t)$ 不是常数，因此不是平稳过程，不具有均值遍历性.

3. 解：因为均值函数为

$$\mu_Z(t)=E[Z_t]=\sin tE[X]+\cos tE[Y]=0,$$

协方差函数为

$$\begin{aligned}\gamma_Z(s,t)&=E[Z_sZ_t]\\&=\sin s\sin tE[X^2]+(\sin s\cos t+\cos s\sin t)E[XY]\\&\quad+\cos s\cos tE[Y^2]\\&=2\cos(t-s),\end{aligned}$$

所以 $\{Z_t\}_{t\geqslant 0}$ 是平稳过程. 由于

$$\lim_{T\to\infty}\frac{1}{T}\int_0^{2T}\left(1-\frac{\tau}{2T}\right)\gamma_X(\tau)\mathrm{d}\tau=2\lim_{T\to\infty}\frac{1}{T}\int_0^{2T}\left(1-\frac{\tau}{2T}\right)\cos\tau\mathrm{d}\tau$$

$$=\lim_{T\to\infty}\frac{1-\cos 2T}{T^2}=0,$$

所以$\{Z_t\}_{t\geqslant 0}$具有遍历性.

4. 解:一般平稳增量过程不是平稳过程,只有当增量均值为0时,平稳增量过程才有可能是平稳过程.

习题三

1. 解:由题意可得,一步转移概率矩阵为

$$\boldsymbol{P}=\begin{pmatrix}0.7 & 0.3\\ 0.5 & 0.5\end{pmatrix},$$

两步转移概率矩阵为

$$\boldsymbol{P}^2=\begin{pmatrix}0.64 & 0.36\\ 0.6 & 0.4\end{pmatrix},$$

所以周一有雨,周三也有雨的概率$p_{11}^2=0.64$.

2. 解:设不变分布$\boldsymbol{\pi}=(\pi_1,\pi_2,\cdots,\pi_n)$,转移概率矩阵为$\boldsymbol{P}$,则$\boldsymbol{\pi}\cdot\boldsymbol{P}=\boldsymbol{\pi}$,于是

$$\begin{cases}\pi_1=\pi_1p_{11}+\pi_2p_{21}+\cdots+\pi_np_{n1},\\ \cdots\cdots\\ \pi_n=\pi_1p_{1n}+\pi_2p_{2n}+\cdots+\pi_np_{nn}.\end{cases}$$

因为对于所有的$j\in S$,有

$$\sum_{i=1}^{n}p_{ij}=1,$$

所以

$$\begin{cases}(\pi_1-\pi_2)p_{21}+(\pi_1-\pi_3)p_{31}+\cdots+(\pi_1-\pi_n)p_{n1}=0,\\ \cdots\cdots\\ (\pi_n-\pi_1)p_{1n}+(\pi_n-\pi_2)p_{2n}+\cdots+(\pi_n-\pi_{n-1})p_{(n-1)n}=0,\end{cases}$$

可以得到$\pi_1=\pi_2=\cdots=\pi_n$. 因为

$$\sum_{i=1}^{n}\pi_i=1,$$

所以$\pi_1=\pi_2=\cdots=\pi_n=\dfrac{1}{n}$.

3. 解：(i) 状态空间为

$$S=\{-2,-1,0,1,2\}.$$

(ii) 一步转移概率矩阵为

$$\boldsymbol{P}=\begin{pmatrix}1&0&0&0&0\\q&r&p&0&0\\0&q&r&p&0\\0&0&q&r&p\\0&0&0&0&1\end{pmatrix}.$$

(iii) 因为两步转移概率矩阵为

$$\boldsymbol{P}^2=\begin{pmatrix}1&0&0&0&0\\q+rq&r^2+pq&2pr&p^2&0\\q^2&2rq&r^2+2pq&2pr&p^2\\0&q^2&2qr&pq+r^2&p+pr\\0&0&0&0&1\end{pmatrix},$$

所以赌徒在赢了1万元的情况下，再赌2局赢到2万元的概率为

$$p_{12}^{(2)}=p+pr.$$

4. 解：转移概率矩阵为

$$\boldsymbol{P}=\begin{pmatrix}0&\frac{1}{2}&\frac{1}{2}&0&0&0\\\frac{1}{2}&0&\frac{1}{2}&0&0&0\\\frac{1}{4}&\frac{1}{4}&0&\frac{1}{4}&\frac{1}{4}&0\\0&0&1&0&0&0\\0&0&\frac{1}{2}&0&0&\frac{1}{2}\\0&0&0&0&1&0\end{pmatrix}.$$

由于所有状态都是互通的、非周期的，有有限多个，所以此马尔可夫链是遍历的. 设不变分布 $\boldsymbol{\pi}=(\pi_1,\pi_2,\pi_3,\pi_4,\pi_5,\pi_6)$，则

$$\begin{cases}\pi_1=\dfrac{1}{2}\pi_2+\dfrac{1}{4}\pi_3,\\ \pi_2=\dfrac{1}{2}\pi_1+\dfrac{1}{4}\pi_3,\\ \pi_3=\dfrac{1}{2}\pi_1+\dfrac{1}{2}\pi_2+\pi_4+\dfrac{1}{2}\pi_5,\\ \pi_4=\dfrac{1}{4}\pi_3,\\ \pi_5=\dfrac{1}{4}\pi_3+\pi_6,\\ \pi_6=\dfrac{1}{2}\pi_5,\end{cases}$$

解得

$$\begin{cases}\pi_1=\dfrac{1}{2}\pi_3,\\ \pi_2=\dfrac{1}{2}\pi_3,\\ \pi_3=\pi_3,\\ \pi_4=\dfrac{1}{4}\pi_3,\\ \pi_5=\dfrac{1}{2}\pi_3,\\ \pi_6=\dfrac{1}{4}\pi_3.\end{cases}$$

因为 $\pi_1+\pi_2+\pi_3+\pi_4+\pi_5+\pi_6=1$，所以

$$\pi_1=\frac{1}{6},\quad \pi_2=\frac{1}{6},\quad \pi_3=\frac{1}{3},\quad \pi_4=\frac{1}{12},\quad \pi_5=\frac{1}{6},\quad \pi_6=\frac{1}{12}.$$

因为 $\pi_j=\dfrac{1}{\mu_j}$，所以

$$\mu_1=6,\quad \mu_2=6,\quad \mu_3=3,\quad \mu_4=12,\quad \mu_5=6,\quad \mu_6=12.$$

习题四

1. 解：因为$\mu_X(t)=E[N_t]=\lambda t$，不是常数，所以泊松过程$\{N_t\}_{t\geqslant 0}$不是平稳过程.

另外，由于

$$
\begin{aligned}
\gamma_X(s,t) &= E[(N_s-\lambda s)(N_t-\lambda t)] \\
&= E[(N_s-\lambda s)^2+(N_t-N_s-\lambda(t-s))(N_s-\lambda s)] \\
&= E[(N_s-\lambda s)^2]+E[(N_t-N_s-\lambda(t-s))(N_s-\lambda s)] \\
&= \mathrm{var}(N_s)+E[(N_t-N_s-\lambda(t-s))]E[(N_s-\lambda s)] \\
&= \mathrm{var}(N_s)=\lambda s,
\end{aligned}
$$

所以泊松过程的协方差函数不是只依赖于时间差. 因此泊松过程不论是均值函数还是协方差函数，均不满足平稳过程的条件，所以$\{N_t\}_{t\geqslant 0}$不可能具有均值遍历性.

2.证明：由于$M_0=0$及$\{M_t\}_{t\geqslant 0}$具有独立增量是显然成立的，接下来，只需要证明对于任意的自然数m和n，有

$$
\begin{aligned}
P(M_t=m) &= \sum_{n=0}^{\infty} P(M_t=m \mid N_t=m+n)P(N_t=m+n) \\
&= \sum_{n=0}^{\infty} \mathrm{C}_{m+n}^{m}\left(\frac{1}{3}\right)^m\left(1-\frac{1}{3}\right)^n\frac{(\lambda t)^{m+n}}{(m+n)!}\mathrm{e}^{-\lambda t} \\
&= \frac{1}{m!}\left(\frac{\lambda t}{3}\right)^m \mathrm{e}^{-\lambda t}\sum_{n=0}^{\infty}\left(\frac{2}{3}\right)^n\frac{(\lambda t)^n}{n!}=\frac{1}{m!}\left(\frac{\lambda t}{3}\right)^m\mathrm{e}^{-\frac{\lambda t}{3}},
\end{aligned}
$$

所以每个售票窗口接待的旅客数是泊松过程.

3. 证明：因为

$$
\begin{aligned}
P(N_{s+t}-N_s=m) &= P((N_{s+t}^1-N_s^1)+(N_{s+t}^2-N_s^2)=m) \\
&= \sum_{k=0}^{m} P(N_{s+t}^1-N_s^1=k,N_{s+t}^2-N_s^2=m-k) \\
&= \sum_{k=0}^{m}\frac{(\lambda_1 t)^k}{k!}\mathrm{e}^{-\lambda_1 t}\frac{(\lambda_2 t)^{m-k}}{(m-k)!}\mathrm{e}^{-\lambda_2 t} \\
&= \frac{[(\lambda_1+\lambda_2)t]^m}{m!}\mathrm{e}^{-(\lambda_1+\lambda_2)t}
\end{aligned}
$$

$$\cdot \sum_{k=0}^{m} \frac{m!}{k!\ (m-k)!} \left(\frac{\lambda_1}{\lambda_1+\lambda_2}\right)^k \left(\frac{\lambda_2}{\lambda_1+\lambda_2}\right)^{m-k}$$

$$=\frac{[(\lambda_1+\lambda_2)t]^m}{m!} e^{-(\lambda_1+\lambda_2)t},$$

所以$\{N_t\}_{t\geqslant 0}$是参数为λ的泊松过程.

4. 解:设该小区新来的户数为$\{N_t\}_{t\geqslant 0}$,则其参数$\lambda=3$. 设该小区一年内新定居的人数为X,则

$$X=\sum_{n=1}^{N_{12}} Y_n,$$

于是

$$E[X]=\lambda t E[Y]=3\times 12\times \frac{5}{2}=90,$$

$$\text{var}(X_t)=\lambda t E[Y^2]=3\times 12\times \frac{43}{6}=258.$$

故一年内到该小区新定居人数的期望和方差分别为 90 和 258.

习题五

1. 解:泊松过程是更新过程的特殊形式,更新过程是泊松过程的一种推广. 若X_n服从参数相同的指数分布,则此时更新过程就是泊松过程.

2. 证明:若$N_t\geqslant n$,则$\sup\{m: T_m\leqslant t\}\geqslant n$,于是存在某个$k\geqslant n$满足$T_k\leqslant t$. 因为$k\geqslant n$,所以$T_k\geqslant T_n$,因此$T_n\leqslant t$.

另外,若$T_n\leqslant t$,设$k=\sup\{m: T_m\leqslant t\}$,则$k\geqslant n$,所以$N_t\geqslant n$.

3. 证明:当X_n服从格点分布时,

$$P(N(nd)-N((n-1)d)=1)\to\frac{d}{\mu}\Leftrightarrow M(nd)-M((n-1)d)\to\frac{d}{\mu}.$$

令$b_n=M(nd)-M((n-1)d)$,由算术平均收敛定理,可得

$$\frac{b_1+b_2+\cdots+b_n}{n}=\frac{M(nd)}{n}\to\frac{d}{\mu}.$$

取$m=\sup\{n: nd\leqslant t\}$,则$md\leqslant t<(m+1)d$,根据更新函数$M_t$的单调性,可得

$$\frac{md}{t}\cdot\frac{M(md)}{md}\leqslant\frac{M(t)}{t}\leqslant\frac{(m+1)d}{t}\cdot\frac{M((m+1)d)}{(m+1)d}.$$

因为

$$\lim_{t\to\infty}\frac{md}{t}=1,\quad \lim_{t\to\infty}\frac{M(md)}{md}=\frac{1}{\mu},$$

$$\lim_{t\to\infty}\frac{(m+1)d}{t}=1,\quad \lim_{t\to\infty}\frac{M((m+1)d)}{(m+1)d}=\frac{1}{\mu},$$

所以

$$\lim_{t\to\infty}\frac{M(t)}{t}=\frac{1}{\mu}.$$

习题六

1. 解：$E[X_3+2]=E[X_3]+2=E[E[X_3|\mathcal{F}_2]]+2=E[X_2]+2=E[X_0]+2=3.$

2. 解：(i) 当 Z 是常数时，此时显然 $\{X_n+Z\}_{n\geqslant0}$ 是关于 σ 域流 $\{\mathcal{F}_n\}_{n\geqslant0}$ 的鞅.

(ii) 当 Z 是非常数的随机变量时，此时至少存在一个由 Z 生成的不是空集和全集的集合，记为 A. 故对于 $n\geqslant1$，X_n+Z 关于 $\mathcal{F}_n$ 不可测；否则，Z 关于 $\mathcal{F}_n$ 可测，有 $A\in\mathcal{F}_n$. 因为随机变量 Z 关于 σ 域流 $\{\mathcal{F}_n\}_{n\geqslant0}$ 独立，所以对于集合 A，有

$$P(A)=P(A)P(A),$$

这意味着 $P(A)=0$ 或者 1，于是 A 要么等价于空集，要么等价于全集，矛盾.

所以当 Z 是非常数的随机变量时，$\{X_n+Z\}_{n\geqslant0}$ 不是关于 σ 域流 $\{\mathcal{F}_n\}_{n\geqslant0}$ 的鞅.

3. 证明：因为

$$P(Y_{n+1}=k+2|Y_n=k)=\frac{k}{2n+2},$$

$$P(Y_{n+1}=k|Y_n=k)=\frac{2n+2-k}{2n+2},$$

所以

$$E[Y_{n+1}|Y_n]=E[Y_{n+1}|Y_n=k]|_{k=Y_n}$$
$$=\left[(k+2)\cdot\frac{k}{2n+2}+k\cdot\frac{2n+2-k}{2n+2}\right]\Bigg|_{k=Y_n}$$
$$=\left[k+\frac{k}{n+1}\right]\Bigg|_{k=Y_n}$$
$$=Y_n+\frac{Y_n}{n+1}.$$

又因为$\{Y_n\}_{n\geqslant 0}$是马尔可夫链，所以

$$E[X_{n+1}|\mathcal{F}_n]=E[X_{n+1}|Y_n]$$
$$=E\left[\frac{Y_{n+1}}{2n+2+2}\middle|Y_n\right]$$
$$=\frac{1}{2n+4}E[Y_{n+1}|Y_n]$$
$$=\frac{1}{2n+4}\left(Y_n+\frac{Y_n}{n+1}\right)$$
$$=\frac{1}{2n+2}Y_n=X_n,$$

因此，$\{X_n\}_{n\geqslant 0}$是关于σ域流$\{\mathcal{F}_n\}_{n\geqslant 0}$的鞅.

习题七

1. 证明：令 $f(x)=x^3$，则$W_t^3=f(W_t)$. 由伊藤公式，得

$$\mathrm{d}W_t^3=\mathrm{d}f(W_t)=f'(W_t)\mathrm{d}W_t+\frac{1}{2}f''(W_t)\mathrm{d}t=3W_t^2\mathrm{d}W_t+3W_t\mathrm{d}t,$$

上式两边从 0 到 t 积分，可得

$$W_t^3=3\int_0^t W_s^2\mathrm{d}W_s+3\int_0^t W_s\mathrm{d}s,$$

即

$$\int_0^t W_s^2\mathrm{d}W_s=\frac{1}{3}W_t^3-\int_0^t W_s\mathrm{d}s.$$

2. 证明：由伊藤公式，得

$$dX_t=\frac{1}{2}e^{\frac{t}{2}}\cos W_t dt-e^{\frac{t}{2}}\sin W_t dW_t-\frac{1}{2}e^{\frac{t}{2}}\cos W_t dt=-e^{\frac{t}{2}}\sin W_t dW_t,$$

上式两边从 0 到 t 积分，可得

$$X_t-X_0=X_t-1=\int_0^t -e^{\frac{s}{2}}\sin W_s dW_s.$$

因为$\int_0^t -e^{\frac{s}{2}}\sin W_s dW_s$ 是一个鞅，所以$\{X_t\}_{t\geqslant 0}$ 是关于 σ 域流$\{\mathcal{F}_t\}_{t\geqslant 0}$ 的鞅.

3. 解：由伊藤公式，可得

$$de^{\alpha W_t}=\alpha e^{\alpha W_t}dW_t+\frac{1}{2}\alpha^2 e^{\alpha W_t}dt.$$

上式两边从 0 到 t 积分并取期望，可得

$$E[e^{\alpha W_t}]-1=\alpha E\left[\int_0^t \alpha e^{\alpha W_s}dW_s+\frac{1}{2}\alpha^2\int_0^t e^{\alpha W_s}ds\right]=\frac{1}{2}\alpha^2\int_0^t E[e^{\alpha W_s}]ds.$$

若令 $E[e^{\alpha W_t}]=g(t)$，上式可改写为

$$\begin{cases}\dfrac{dg(t)}{dt}=\dfrac{1}{2}\alpha^2 g(t),\\ g(0)=1,\end{cases}$$

解这个常微分方程，可得

$$g(t)=e^{\frac{1}{2}\alpha^2 t}.$$

4. 解：由 $f(t,x)=\sin(t+x)$，可得

$$\frac{\partial f}{\partial t}=\cos(t+x),\quad \frac{\partial f}{\partial x}=\cos(t+x),\quad \frac{\partial^2 f}{\partial x^2}=-\sin(t+x),$$

于是

$$d[\sin(t+W_t)]=\left[\cos(t+W_t)-\frac{1}{2}\sin(t+W_t)\right]dt+\cos(t+W_t)dW_t.$$

5. (1)证明：由

$$E[S_{n+1}|F_n]=E[S_n+X_{n+1}|\mathcal{F}_n]=S_n+E[X_{n+1}]=S_n+1\geqslant S_n,$$

所以$\{S_n\}_{n\geqslant 0}$是关于 σ 流域$\{\mathcal{F}_n\}_{n\geqslant 0}$的下鞅.

(2)证明：由

$$E[S_n - S_{n-1} | \mathcal{F}_{n-1}] = 1,$$

可得

$$A_n = \sum_{i=1}^{n} E[S_i - S_{i-1} | \mathcal{F}_{i-1}] = n,$$

所以

$$M_n = S_n - A_n.$$

容易验证，$\{A_n\}_{n\geqslant 0}$ 和 $\{M_n\}_{n\geqslant 0}$ 分别是单调递增过程和鞅过程，且 $S_n = M_n + A_n$.

(3) 解：$\langle M\rangle_n = \sum_{i=1}^{n} E[(M_i - M_{i-1})^2] = \sum_{i=1}^{n} E[(X_n - 1)^2] = \frac{2}{3}n.$

6. 证明：由伊藤公式，可得

$$\begin{aligned} \mathrm{d}\left(\frac{1}{2}W_t^4 - 3tW_t^2 + \frac{3}{2}t^2\right) &= (-3W_t^2 + 3t)\mathrm{d}t + (2W_t^3 - 6tW_t)\mathrm{d}W_t \\ &\quad + \frac{1}{2}(6W_t^2 - 6t)\mathrm{d}t \\ &= (2W_t^3 - 6tW_t)\mathrm{d}W_t, \end{aligned}$$

所以

$$\frac{1}{2}W_t^4 - 3tW_t^2 + \frac{3}{2}t^2 = \int_0^t (2W_s^3 - 6sW_s)\mathrm{d}W_s.$$

因为 $\int_0^t (2W_s^3 - 6sW_s)\mathrm{d}W_s$ 是一个伊藤积分，是鞅过程，所以 $\left\{\frac{1}{2}W_t^4 - 3tW_t^2 + \frac{3}{2}t^2\right\}_{t\geqslant 0}$ 是关于 σ 域流 $\{\mathcal{F}_t\}_{t\geqslant 0}$ 的鞅.

7. 解：$E[X_t] = E[W_t - t W_1] = 0 - t\cdot 0 = 0.$

设 $0\leqslant s\leqslant t\leqslant 1$，则

$$\begin{aligned} \gamma(s,t) &= E[(X_t - E[X_t])(X_s - E[X_s])] \\ &= E[X_tX_s] = E[(W_t - tW_1)(W_s - sW_1)] \\ &= E[W_tW_s - sW_1W_t - tW_1W_s + tsW_1^2] \\ &= E[W_s^2 - sW_t^2 - tW_s^2 + tsW_1^2] \\ &= (1-t)s. \end{aligned}$$

习题八

1. 解：由于$\{e^{(\sigma W_t-\frac{1}{2}\sigma^2 t)}\}_{t\geqslant 0}$是鞅过程，所以

$$E[e^{(\sigma W_T-\frac{1}{2}\sigma^2 T)}\mid\mathcal{F}_t]=e^{(\sigma W_t-\frac{1}{2}\sigma^2 t)},$$

于是

$$M_t=e^{\frac{1}{2}\sigma^2 T}e^{(\sigma W_t-\frac{1}{2}\sigma^2 t)}.$$

由伊藤公式，可得

$$e^{(\sigma W_t-\frac{1}{2}\sigma^2 t)}=1+\int_0^t\sigma e^{(\sigma W_s-\frac{1}{2}\sigma^2 s)}dW_s.$$

另外，由于

$$E[M_0]=E[M_T\mid F_0]=E[M_T]=E[e^{\sigma W_T}]=e^{\frac{1}{2}\sigma^2 T},$$

于是

$$M_t=E[M_0]+\int_0^t\sigma e^{[\sigma W_s+\frac{1}{2}\sigma^2(T-s)]}dW_s.$$

所以

$$g_s(\omega)=\sigma e^{[\sigma W_s+\frac{1}{2}\sigma^2(T-s)]}.$$

2. 证明：由伊藤公式，可得

$$dY_t=\left(-a+b-\int_0^t\frac{dW_s}{1-s}\right)dt+dW_t.$$

因为

$$\frac{Y_t}{1-t}=a+\int_0^t\frac{dW_s}{1-s}+\frac{t}{1-t}b,$$

所以

$$-a+b-\int_0^t\frac{dW_s}{1-s}=\frac{tb-Y_t}{1-t}+b=\frac{b-Y_t}{1-t},$$

因此

$$\begin{cases}dY_t=\dfrac{b-Y_t}{1-t}dt+dW_t,\\ Y_0=a.\end{cases}$$

3. 证明：X_t 依旧满足

$$X_t = E_Q[e^{-r(T-t)} X_T \mid \mathcal{F}_t].$$

考虑欧式看跌期权，设到期日为 T，执行价格为 K，此时

$$X_T = \max\{0, (K - S_T)\},$$

$$X_t = e^{-r(T-t)} E_Q[\max\{0, (K - S_T)\} \mid \mathcal{F}_t].$$

由于

$$\ln S_T \sim N\left(\ln S_t + \left(r - \frac{1}{2}\sigma^2\right)(T-t), \sigma^2(T-t)\right),$$

记 f 和 g 分别为S_T 和 $\ln S_T$ 的概率密度函数，φ 为标准正态分布的概率密度函数，Φ 为标准正态分布的分布函数，

$$m = \ln S_t + \left(r - \frac{1}{2}\sigma^2\right)(T-t),$$

$$s = \sigma\sqrt{T-t},$$

则有

$$\begin{aligned}
& E_Q[\max\{C, (K - S_T)\} \mid \mathcal{F}_t] \\
&= \int_{-\infty}^{+\infty} \max\{0, (K - S_T)\} \cdot f\mathrm{d}x \\
&= \int_{-\infty}^{K} (K - S_T) \cdot f\mathrm{d}x = \int_{-\infty}^{\ln K} (K - e^y) \cdot g\mathrm{d}y \\
&= \int_{-\infty}^{\frac{\ln K - m}{s}} (K - e^{m+sz}) \cdot \varphi\mathrm{d}z \\
&= K\Phi\left(\frac{\ln K - m}{s}\right) - \int_{-\infty}^{\frac{\ln K - m}{s}} e^{\frac{s^2}{2}+m} \frac{1}{\sqrt{2\pi}} e^{-\frac{(z-s)^2}{2}} \mathrm{d}z \\
&= K\Phi\left(-\frac{\ln\frac{S_t}{K} + \left(r - \frac{\sigma^2}{2}\right)(T-t)}{\sigma\sqrt{T-t}}\right) - S_t e^{r(T-t)}\Phi\left(-\frac{\ln\frac{S_t}{K} + \left(r + \frac{\sigma^2}{2}\right)(T-t)}{\sigma\sqrt{T-t}}\right),
\end{aligned}$$

因此

$$X_t = Ke^{-r(T-t)}\Phi(-d_2) - S_t\Phi(-d_1).$$

于是

欧式看涨期权的价值 − 欧式看跌期权的价值

$$
\begin{aligned}
&= [S_t\Phi(d_1) + S_t\Phi(-d_1)] - [K\mathrm{e}^{-r(T-t)}\Phi(d_2) + K\mathrm{e}^{-r(T-t)}\Phi(-d_2)] \\
&= S_t - K\mathrm{e}^{-r(T-t)},
\end{aligned}
$$

期权平价定理得证.

参考文献

[1] ØKSENDAL B. Stochastic differential equasions: An introduction with applications[M]. Heidelberg, New York: Springer-Verlag, 2000.

[2] PENG S. Monotonic limit theorem of BSDE and nonlinear decomposition theorem of Doob-Meyers type[J]. Probability Theory & Related Fields, 1999, 113(4):473-499.

[3] PLISKA S. Introduction to mathematical finance[M]. Oxford: Blackwell Publishers, 1997.

[4] 汪嘉冈. 现代概率论基础[M]. 上海:复旦大学出版社,2005.

[5] 王军,邵吉光,王娟. 随机过程及其在金融领域中的应用[M]. 北京:清华大学出版社,北京交通大学出版社,2018.

[6] 张波,张景肖. 应用随机过程[M]. 北京:清华大学出版社,2004.

[7] 郑振龙,陈荣. 金融工程[M]. 北京:高等教育出版社,2016.